DB-Fahrzeuge

Je nach Einsatzgebiet sind die Loks der Baureihe 146 verschiedenen Unterbaureihen zugewiesen. Die Loks der Unt
reihe 146[1] sind z. B. im Norden Deutschlands zu finden.

Michael Dostal

DB-Fahrzeuge

Lokomotiven und Triebwagen

GeraMond

Impressum

Produktmanagement: Michael Dörflinger
Layout: BUCHFLINK Rüdiger Wagner, Nördlingen
Repro: w&co Media Services, München
Herstellung: Thomas Fischer
Printed in Italy bei Printer Trento S. r. l.

Alle Angaben dieses Werkes wurden vom Autor sorgfältig recherchiert und auf den aktuellen Stand gebracht sowie vom Verlag geprüft. Für die Richtigkeit der Angaben kann jedoch keine Haftung übernommen werden. Für Hinweise und Anregungen sind wir jederzeit dankbar. Bitte richten Sie diese an:

GeraMond Verlag
Lektorat
Postfach 80 02 40
D-81602 München
e-mail: lektorat@geramond.de

Die Deutsche Bibliothek – CIP Einheitsaufnahme
Ein Titeldatensatz für diese Publikation ist bei der Deutschen Bibliothek erhältlich.

ISBN 978-3-7654-7117-9

Bildnachweis

Rückseite: Baureihe 646, Usedomer Bäderbahn, Foto: Slg. J. Stender;

Boldt, A.: 172
Domagalski, B.: 39, 69, 94, 142, 146, 147, 153, 158, 159, 170
Dostal, M.: 2, 5, 6, 8, 10, 11, 12, 13, 15, 16, 17, 18, 19, 22, 23, 24, 25, 27, 31, 32, 33, 34, 35, 36, 37, 38, 39, 40, 41, 42, 43, 44, 45, 46, 47, 48, 49, 50, 52, 53, 54, 55, 56, 57, 60, 63, 66, 67, 68, 70, 71, 72, 73, 74, 75, 76, 77, 79, 80, 82, 85, 86, 87, 88, 89, 92, 93, 95, 96, 97, 98, 99, 102, 103, 104, 105, 107, 108, 109, 112, 113, 114, 115, 116, 117, 124, 125, 126, 127, 128, 129, 130, 131, 132, 133, 135, 136, 137, 138, 139, 140, 141, 143, 144, 145, 150, 151, 157, 160, 161, 164, 165, 178, 179, 184, 186, 187, 189, 190
Gleisbau Brandenburg: 171
Heiderich, H.: 175
Heym, R.. 148, 149, 188
Meier, R.: 123, 166, 185
Miethe, U.: 81, 83, 174, 177, 183
Schröfl, Ch.: 10, 14, 20, 26, 29, 61, 64, 65, 106, 182
Slg. Stender, J.: 21, 28, 51, 58, 59, 62, 84, 100, 101, 110, 111, 118, 121, 134, 152, 154, 155, 163, 168, 169, 176, 180, 181
Treutler, M.: 119
Völk, Ch.: 90, 91, 120, 122, 162, 167, 172
Werning, M.: 78, 156

Elektrolokomotiven

Diesellokomotiven

Kleinlokomotiven

Elektrische Triebwagen

BR 401: Beginn des Hochgeschwindigkeitsverkehrs

Die ursprünglich von der DB und der DR beschafften Loks der Baureihe 112 werden heute von DB Regio eingesetzt.

Kennzeichnung der Lokomotiven

Ende der 1960er-Jahre waren die EDV-Systeme so weit entwickelt, dass sie zur Verwaltung der Fahrzeuge der Eisenbahnen genutzt werden konnten. Allerdings konnten nur Zahlen herangezogen werden, die Verwendung von Buchstaben in den Nummern war nicht möglich. Deshalb änderte die DB 1968 das Bezeichnungsschema ihrer Triebfahrzeuge.

Jeder Antriebsart wurde eine Kennziffer zugewiesen, die zusammen mit der alten zweistelligen Baureihennummer die neue dreistellige Baureihennummer bildete. Bei Loks mit dreistelliger alter Baureihennummer wurde die letzte Stelle gestrichen und die beiden vorderen nach hinten versetzt, so wurde z. B. aus der V 160 die Baureihe 216. Es gab aber auch Ausnahmen. So wurde aus der V 100^{10} die Baureihe 211. Die V 100^{20} ging in die Baureihe 212 über.

Die Farben der einzelnen Kapitel:

- Allgemeiner Teil
- Elektrolokomotiven
- Diesellokomotiven
- Kleinlokomotiven
- Elektrische Triebwagen
- Verbrennungstriebwagen
- Dienstfahrzeuge

Bei der DB AG gelten folgende Kennziffern

0 = Dampflokomotiven
1 = Elektrolokomotiven
2 = Diesellokomotiven
3 = Kleinlokomotiven
4 = Elektrische Triebwagen
5 = Akkutriebwagen
6 = Dieseltriebwagen
7 = Dienstfahrzeuge und Schienenbusse
8 = Steuerwagen zu E-Triebwagen
9 = Steuerwagen zu Dieseltriebwagen

Der Baureihennummer folgt die dreistellige Ordnungsnummer und – durch einen Strich getrennt – eine Kontrollziffer, mit der falsch angegebene Loknummern wie z. B. Zahlendreher ermittelt werden können.

Die Kontrollziffer berechnet sich wie im folgenden Beispiel:

Loknummer	1 1 3 2 6 7
Mulitiplikator	1 2 1 2 1 2

Die einzelnen Ziffern der Loknummer werden jeweils mit 1 oder 2 multipliziert:

Ergebnis	1 2 3 4 6 14

Aus dem Ergebnis wird die Quersumme gebildet:

Quersumme

1+2+3+4+6+1+4=21

Die Quersumme wird auf den nächsten vollen Zehner aufgerundet (hier 30). Die Differenz zwischen Quersumme und aufgerundeten Ergebnis (hier 9) bildet die Kontrollziffer.

Die vollständige Loknummer lautet also 113 267-9.

Die Baureihe 101 übernahm im schweren IC- und EC-Verkehr die Nachfolge der legendären 103

Die ab 1996 beschaffte Baureihe 101 wird heute im Reisezugverkehr der DB Fernverkehr eingesetzt. Später soll sie im schweren und schnellen Güterverkehr verwendet werden.

Entwicklung Weil die Baureihe 103 durch hohe Dauerbelastung Anfang der 1990er-Jahre abgewirtschaftet war, musste die Entwicklung einer Nachfolgebaureihe vorangetrieben werden.

Die neue Bauart sollte sich als Universallokomotive für den Hochgeschwindigkeits-Reisezugverkehr und für den Einsatz vor schweren Güterzügen eignen.

Im November 1994 bestellte die DB bei ABB Henschel 145 Loks. Zwischen 1996 und 1999 wurden sie mit den Betriebsnummern 101 001-6 bis 101 145-1 bei ADtranz gebaut.

Fahrzeugbau Der Lokkasten in konventioneller Stahlbauweise setzt sich aus einem U-förmigen Rahmen, einem Kastengerippe mit aufgeschweißten Blechen und drei Dachteilen zusammen. Die abnehmbaren Dachteile ermöglichen den einfachen Ein- und Ausbau der in Gerüsten angeordneten Elektrogeräte im Maschinenraum. Die Lüftergitter befinden sich in der Dachschräge.

Die zweiachsigen Drehgestelle wurden aus den Drehgestellen des ICE entwickelt. Sie werden nicht wie üblich in Drehzapfen, sondern in tiefliegenden Zug-Druck-Stangen geführt. Durch ihre geringe ungefederte Masse schonen sie die Gleise. Der Drehstrom-Asynchron-Motor jeder Antriebsachse ist mit dem Getriebe zu einer kompakten Einheit verbunden und bildet so den „integrierten Gesamtantrieb" (IGA).

Während die Lokomotiven 101 001-6 bis 101003-2 noch den orientroten Anstrich erhielten, sind alle weiteren Maschinen verkehrsrot lackiert. Im Frühjahr 2007 hatten nur noch die Lokomotiven 101 047-9 (Feuerwehrverband), 101-4 (Zug um Zug), 122-0 (China-Airlines), 136-0 (Klaus-Tschira-Preis), und 141-0 (Gegen Hass) Werbung mit anderem

Dank ihrer Wendezugsteuerung können die 101er auch mit geschobenen Zügen eingesetzt werden

Grundanstrich als dem Verkehrsroten. Mehrere Loks in Verkehrsrot werben für das Preissystem der Bahn.

Elektrik Zur elektrischen Ausrüstung gehören zwei Einholmstromabnehmer vom Typ Dornier DSA 350 SEK, ein Vakuum-Hauptschalter und der mit einem biologisch abbaubaren Polyol-Ester gekühlte Haupttransformator. Die Fahr- und Bremssteuerung erfolgt über das Leitsystem MICAS S mit einem 16-Bit-Rechner. Daran angeschlossen ist das Diagnosesystem DAVID, das dem Werkstattpersonal zur schnellen Fehlererkennung dient. Zur weiteren Ausrüstung der Lokomotiven zählen Mehrfach- und Wendezugsteuerung sowie die Linienzugbeeinflussung.

Für EC-Züge nach Österreich erhielten 20 Maschinen einen neuen Hochspannungs-Störstromfilter, um auf dem Netz der ÖBB die Sicherungs- und Fernmeldeanlagen nicht zu beeinflussen.

Einsatz Alle 145 Lokomotiven sindnoch im Bestand der DB und in Hamburg-Eidelstedt beheimatet. Sie werden von DB Fernverkehr im IC- und EC-Verkehr eingesetzt. Nachts und an Wochenenden bespannen sie Güterzüge. Nach der kompletten Umstellung des Fernreiseverkehrs auf Triebzüge soll die Baureihe 101 an Railion abgegeben werden.

TECHNISCHE DATEN	
Länge über Puffer	18.950 mm
Achsfolge	Bo'Bo'
Treibraddurchmesser	1.250 mm
Achsstand im Drehgestell	2.650 mm
Gesamter Achsstand	13.000 mm
Dienstmasse	86,9 t
Maximale Radsatzlast	21,5 t
Höchstgeschwindigkeit	220 km/h
Leistung	4 x 1.600 kW
Motorbauart	Drehstrom-Asynchronmotor
Antriebsart	Integrierter Gesamtantrieb
Anfahrzugkraft	300 kN
Stromsystem	15 kV~/16,7 Hz
Indienststellung	1997 – 1999
Bestand (Herbst 2006)	145 Lokomotiven DB Fernverkehr

103 235-8 wird von der DB Systemtechnik in München vor Messzügen eingesetzt

Für TEE- und IC-Dienste benötigte die DB Mitte der 1960er-Jahre eine leistungsfähige Lokomotive mit einer Höchstgeschwindigkeit von 200 km/h.

Entwicklung Nach vier Vorauslokomotiven wurde zwischen 1970 und 1974 die Serienausführung der Baureihe 103 geliefert. 145 Loks mit den Nummern 103 101-1 bis 103 245-7 wurden bei Krauss-Maffei, Henschel und Krupp beschafft. Die elektrische Ausrüstung lieferten SSW, AEG und BBC. Die Loks wurden zunächst in München, Frankfurt (Main) und Hamburg beheimatet.

Fahrzeugbau Der Rahmen besteht aus dem Brückenträger mit außenliegenden Langträgern. Darauf sitzt der fünfteilige Kasten. Alle drei Maschinenraumhauben sind abnehmbar. Die beiden Endteile mit den Führerräumen sind fest mit dem Rahmen verbunden. Die Führerstände wurden ab 103 216-8 vergrößert und mit einer Klimaanlage ausgestattet. Diese Loks sind mit 20.200 mm um 700 mm länger als ihre Vorgängerinnen. Über vier Flexicoil-Schraubenfedern stützt sich der Lokkasten auf die beiden dreiachsigen Drehgestelle ab. Die Drehgestelle haben keine Drehzapfen und werden stattdessen über Zug- und Druckstangen in Tiefanlenkung geführt. Als Antrieb dienen sechs Fahrmotoren mit Siemens-Gummiring-Kardan-Hohlwellenantrieb.

Alle Loks wurden im rot/beigen TEE-Anstrich geliefert, der seit Mitte der achtziger Jahre durch den orientroten Lack ersetzt wurde. 103 220-0 trägt für Touristik-Züge eine besonders bunte Lackierung in Blau, Gelb und Grün. 103 233-3 erhielt als einzige einen verkehrsroten Anstrich.

Elektrik Die Loks der Baureihe 103 sind mit zwei Einholmstromabnehmern vom Typ SBS 65 ausgerüstet. Der Haupttrafo leistet 6.250 kVA. Ein motorbetriebenes 39-stufiges Hochspannungsschaltwerk mit Thyristor-Lastschalter übernimmt die Steuerung der sechs zwölfpoligen

103 184-8 gehört zu den aktiven Museumsloks und ist in ganz Deutschland unterwegs

Wechselstrom-Reihenschlussmotoren. Zur weiteren Ausstattung zählen neben Sifa und Indusi die LZB und eine halbautomatische Geschwindigkeitsregelung. Für den Einsatz auf Neubaustrecken wurden die Lokomotiven mit einer Notbremsüberbrückung und der verbesserten LZB 80 nachgerüstet.

Einsatz Die noch bei DB Fernverkehr vorhandenen Lokomotiven sind bis auf die in München beheimatete 103 245-7 alle z-gestellt und buchmäßig in Frankfurt (Main) zu Hause. De facto sind sie aber alle an Museen verliehen. So ist die 103 101-2 in Darmstadt zu finden, die 132-7 war zunächst in Garmisch-Partenkirchen, wurde später aber nach München überführt und diente als Ersatzteilspender für 103222-6 und 103 235-8. Die bunte 103 220-0 befindet sich bei der DGEG in Neustadt (Weinstraße). Die 103 233-3 ist in den DB-Museumsbestand übergegangen und in Koblenz hinterstellt. 103 113-7 und 184-8 werden vom DB Museum eingesetzt. 103 226-7 ist in Siegen, 103 224-2 im Deutschen Dampflok-Museum in Neuenmarkt-Wirsberg. 103 136-8 wird in Nördlingen betreut und 103 197-0 kaufte ein Privatmann, der sie hellblau lackieren ließ. Ins Deutsche Verkehrsmuseum kommt 103 167-3.

TECHNISCHE DATEN	
Achsfolge	Co'Co'
Länge über Puffer	19.500; 20.200* mm
Treibraddurchmesser	1.250 mm
Achsstand im Drehgestell	2 x 2.250 mm
Gesamter Achsstand	14.100 mm
Dienstmasse	114 t
Maximale Radsatzlast	19,3 t
Höchstgeschwindigkeit	200 km/h
Leistung	6 x 1.180 kW
Motorbauart	12-poliger Reihenschlussmotor
Antriebsart	Siemens Gummiring-Kardan
Anfahrzugkraft	320 kN
Stromsystem	15 kV~/16,7 Hz
Indienststellung	1971 – 1974
Bestand (Herbst 2006)	3 + 6 z Lokomotiven
DB Fernverkehr, DB Systemtechnik, DB Museum	
*) 103 173-1, 103 216-8 bis 103 245-7	

Einige 110 wurden von der DB AutoZug übernommen und als Baureihe 115 eingereiht

Die klassische Schnellzuglokomotive der 1960er- und 1970er-Jahre war die Baureihe 110. Nach gut vierzig Jahren Einsatz werden heute Regionalzüge mit diesen Maschinen bespannt.

Entwicklung Nach fünf Probelokomotiven begann 1957 die Serienfertigung der Baureihe $E\,10^{1}$, von der bis 1963 181 Exemplare geliefert wurden. Sie erhielten die Betriebsnummern E 10 101 bis 264 und 271 bis 287. Die fehlenden Nummern wurden durch die Rheingold-Lokomotiven $E\,10^{12}$, die späteren 112 bzw. 113/114 belegt. Für die Herstellung des mechanischen Teils waren Krauss-Maffei, Krupp und Henschel zuständig, während SSW, AEG und BBC den elektrischen Teil übernahmen. Nach Unfällen wurden 110 107-0 und 110 271-4 mit „Bügelfalten-Lokkasten" (siehe 110^{3}) ausgestattet.

Fahrzeugbau In ihrer geschweißten Ausführung entsprechen die Hauptkomponenten – der Brückenrahmen, der Lokkasten, und die beiden zweiachsigen Drehgestelle – den damaligen Vorgaben für Neubaufahrzeuge der DB. Der Aufbau stützt sich über Schraubenfedern und Gummielemente auf den Drehgestellen ab. Bei den ersten Serien wurden einfache Lampen eingebaut. Ab 110 216-9 wurden Doppellampen mit getrennten Spitzen- und Schlussleuchten verwendet. Alle bei der DB Regio verbliebenen Lokomotiven tragen einen verkehrsroten Anstrich. Nur die Museumslok 110 121-1 hat wieder ihr ursprüngliches blaues Farbkleid und trägt die Loknummer E 10 121 der Vor-UIC-Zeit.

Elektrik Die Loks verfügen über Scherenstromabnehmer der Bauart DBS 54. Der Haupttransformator ist fremdbelüftet und ölgekühlt. Eine 28-stufige Hochspannungs-Nachlaufsteuerung regelt vier 14-polige Wechselstrom-Reihenschlussmotoren. Als Antrieb wurde der

Die Baureihe 110 hat das Ende ihrer Nutzungszeit erreicht und wird von der DB verstärkt ausgemustert

bewährte Siemens-Gummiringfeder-Antrieb verwendet. Eine fremderregte elektrische Gleichstrom-Widerstandsbremse sowie die zum Standard zählenden Sicherheitseinrichtungen Sifa, Indusi und Zugbahnfunk vervollständigen die Ausstattung der Lokomotiven.

Einsatz Die Loks sind in Köln, Trier, Dortmund, München und Stuttgart zu Hause. Sie werden aber nur noch zu untergeordneten Diensten und Sondereinsätzen herangezogen. Die E 10 121 der DB Museums kommt freitags und sonntags mit Sonderzügen zwischen Rheine und Hetzerath zum Einsatz.

Die DB AutoZug übernahm mehrere 110¹ von der DB Regio und bezeichnete sie als Baureihe 115. Die Loks sind nun wieder im hochwertigen Reisezugdienst mit Nacht- und Autozügen im gesamten Bundesgebiet anzutreffen.

Die 110 169-0 steht der DB Systemtechnik in München für Messeinsätze zur Verfügung. Die 110 511-3 entstand durch den Umbau der 139 134-1. Sie ist inzwischen weiß lackiert und steht der DB Fahrzeuginstandhaltung als Dispo-Lok im Werk Dessau zur Verfügung.

TECHNISCHE DATEN	
Länge über Puffer	16.440 mm
Achsfolge	Bo'Bo'
Treibraddurchmesser	1.250 mm
Achsstand im Drehgestell	3.400 mm
Gesamter Achsstand	11.300 mm
Dienstgewicht	84,6 t
Maximale Radsatzlast	21,2 t
Höchstgeschwindigkeit	150 km/h
Leistung	4 x 925 kW
Motorbauart	14-poliger Reihenschlussmotor
Antriebsart	Siemens Gummiringfeder
Anfahrzugkraft	275 kN
Stromsystem	15 kV~/16,7 Hz
Indienststellung	1957 – 1963
Bestand (Herbst 2006)	26 + 4 z; 11 + 3 z* Loks DB Regio, DB AutoZug*, DB Museum, DB Systemtechnik
* Baureihe 115	

Die Museumslok 110 348-0 bekam 1985 ihren blauen Anstrich zurück, den sie immer noch trägt

Nach dem Bau der E 10^{12} (112 alt) mit neuen, windschnittigeren Lokkasten, wurde dieser Aufbau auch bei den E 10^{3} (110^{3}) verwendet.

Entwicklung Ihre Fertigung begann 1964 mit der E 10 288 und endete 1969 mit der 110 510-5. Hersteller des mechanischen Teils waren Krauss-Maffei und Henschel. SSW und Siemens lieferten die elektrische Ausstattung.

Mit den Loks 485-8 bis 504-6 wurde noch einmal ein Baulos als Baureihe 112 ausgeführt. 1963 wurden mit E 10 299 und E 10 300 zwei besondere Exemplare gebaut. Zu Beginn der 1960er-Jahre begann die DB mit der Überarbeitung des TEE-Netzes und peilte schon damals die „magische“ Grenze von 200 km/h an.

E 10 299 und 300 wurden als Erprobungsträger für technische Komponenten herangezogen. Bei den Testfahrten zwischen Bamberg und Forchheim erreichte E 10 300 am 22. Mai 1963 als erste Lokomotive der DB eine Geschwindigkeit von 200 km/h.

Nach Abschluss der Versuche wurde die 110 299-5 zur Serienausführung mit einer Höchstgeschwindigkeit von 150 km/h umgebaut. Die 110 300-1 wurde bis 1971 für Versuche eingesetzt, dann kam auch sie in den Regeldienst.

Fahrzeugbau Der Rahmen, der Lokkasten und die beiden zweiachsigen Drehgestelle der 110^{3} sind vollständig geschweißt. Ihre Ausführung entspricht der der 110^{1}. Um die Baureihe noch strömungsgünstiger zu gestalten, erhielten die Loks Frontschürzen und verkleidete Puffer. Das durchgehende Lüfterband an den Seitenwänden strahlte Eleganz aus. Im Laufe ihrer Einsatzzeit wurden an beiden Baureihen Änderungen vorgenommen. So wurden die umlaufenden Griffstangen gegen kleine Handgriffe ausgetauscht. Neue, eckige Lüf-

Die 110³ haben eine Wendezugsteuerung und werden überwiegend im Regionalverkehr eingesetzt

tergitter der Bauart Klatte ersetzten die alten. Die umlaufenden Regenrinnen wurden durch kurze Gummileisten ersetzt. Abgebaute Schürzen und Pufferverkleidungen sowie eingebaute Maschinenraumfenster veränderten das Erscheinungsbild der Lokomotiven.

Alle Lokomotiven haben verkehrsroten Anstrich, lediglich die 110 348-0 des DB Museums hebt sich mit ihrem blauen Lokkasten, dem silberfarbigen Dach und dem schwarzen Fahrwerk davon ab.

Elektrik Der elektrische Teil mit den beiden Scherenstromabnehmern der Bauart DBS 54 und dem Gummiringfeder-Antrieb entspricht der 110¹. Ab der 110 399-3 wurde ein SSW-Hochspannungs-Schaltwerk mit Rundwähler und Thyristor-Lastschalter eingebaut.

Einsatz Ab 1997 wurde bei mehreren Loks eine Wendezugsteuerung nachgerüstet, weil die wendezugfähigen Loks der Baureihe 140 der DB Cargo zugeschlagen wurden. Hochwertige Einsätze werden nur noch von den Loks der Baureihe 115 der DB AutoZug mit Auto- und Nachtzügen erbracht.

TECHNISCHE DATEN	
Länge über Puffer	16.440 mm
Achsfolge	Bo'Bo'
Treibraddurchmesser	1.250 mm
Achsstand im Drehgestell	3.400 mm
Gesamter Achsstand	11.300 mm
Dienstgewicht	84,6 t
Maximale Radsatzlast	21,2 t
Höchstgeschwindigkeit	150 km/h
Leistung	4 x 925 kW
Motorbaurt	14-poliger Reihenschlussmotor
Antriebsart	Siemens Gummiringfeder
Anfahrzugkraft	275 kN
Stromsystem	15 kV~/16,7 Hz
Indienststellung	1963 – 1969
Bestand (Herbst 2006)	143 + 9 z; 12 + 7 z* Loks DB Regio, DB AutoZug*, DB Museum

* Baureihe 115

Die Baureihe 111 folgte der Baureihe 110 mit den Konstruktionsmerkmalen der 1970er-Jahre

Die 111 diente zunächst als Nachfolgebaureihe für die 110, wurde dann aber als Ersatz für Altbau-Elloks beschafft. Sie wird überwiegend im Regionalverkehr eingesetzt und ist bei der DB noch unverzichtbar.

Entwicklung Ein Bedarf an vierachsigen Schnellzugloks bestand bei der DB auch noch Anfang der 1970er-Jahre. Weil ein Weiterbau der 110 wegen ihrer veralteten Konstruktion ausschied, wurde das Konzept weiterentwickelt und eine neue Maschine entworfen. 1974 wurde die Nachfolgerin erstmals ausgeliefert. Bis 1984 entstanden 227 Loks mit den Betriebsnummern 111 001-4 bis 111 227-5. Gebaut wurden sie zu gleichen Teilen von Krauss-Maffei, Henschel und Krupp (mechanischer Teil), sowie von Siemens, AEG und BBC (elektrischer Teil).

Fahrzeugbau Hauptrahmen und Lokkasten bilden eine selbsttragende Konstruktion. Zu Wartungszwecken sind drei Dachsegmente abnehmbar. Die Führerhäuser wurden nach ergonomischen und arbeitsrechtlichen Gesichtspunkten mit einer Schall- und Wärmeisolierung sowie einer Fußbodenheizung ausgestattet. Flexicoil-Schraubenfedern dienen der Abstützung des Lokkastens auf die beiden zweiachsigen Drehgestelle. Der mittlere Drehgestellquerträger nimmt das Gummiring-Drehzapfenlager auf. Die SSW-Gummiringfederantriebe der Baureihe 111 sind baugleich mit denen der zuvor gebauten Baureihe 110. Von Anfang an wurden die Loks blau/beige lackiert. 111 111-1 bis 111 188-9 wurden für den S-Bahn-Verkehr in Kieselgrau mit orangefarbener Bauchbinde abgeliefert. Später folgten Orient- und Verkehrsrot.

2006 waren alle Loks der Baureihe 111 in verkehrsrotem Anstrich auf den Gleisen der DB unterwegs

Elektrik Die elektrische Ausrüstung entspricht weitgehend der 110. Ältere Loks besitzen Scherenstromabnehmer, die neueren sind mit Einholmstromabnehmern SBS 65 bestückt. Die Steuerung der Fahrmotorspannung erfolgt über ein 28-stufiges Hochspannungs-Schaltwerk mit Thyristor-Lastschaltern. Die vier Motoren sind vom Typ WB 372. Eine Vielfachsteuerung ermöglicht den Wendezug- und Doppeltraktionsbetrieb. Ein Teil der Loks ist außerdem mit zeitmultiplexer Wendezugsteuerung, Türschließeinrichtung und beleuchteten Zielanzeigern ausgestattet.

Einsatz Die Loks gelangten nach der Gründung der DB AG zur DB Regio und werden vor Regionalzügen – oft mit Doppelstock-Wendezügen – eingesetzt.

Bis auf 111 109-5 sind noch alle Lokomotiven im Bestand und werden von Braunschweig, Dortmund, Frankfurt (M), Freiburg, Köln, München, Nürnberg und Stuttgart aus eingesetzt. 111 109-5 wurde nach einem Unfall im Januar 1982 ausgemustert.

TECHNISCHE DATEN	
Länge über Puffer	16.750 mm
Achsfolge	Bo'Bo'
Treibraddurchmesser	1.250 mm
Achsstand im Drehgestell	3.400 mm
Gesamter Achsstand	11.300 mm
Dienstmasse	83,0 t
Maximale Radsatzlast	21,0 t
Höchstgeschwindigkeit	160 km/h
Leistung	4 x 905 kW
Motorbauart	14-poliger Reihenschlussmotor
Antriebsart	Siemens Gummiringfeder
Anfahrzugkraft	274 kN
Stromsystem	15 kV~/16,7 Hz
Indienststellung	1975 – 1984
Bestand (Herbst 2006)	226 Lokomotiven DB Regio

Die Loks der Baureihe 112 wurden je zur Hälfte von der DB und der DR der DDR beschafft

Nachdem sich die erste Serie der Baureihe 112 (heute 114) bewährt hatte, entschlossen sich sowohl die DB als auch die DR der DDR zur Beschaffung einer größeren Serie dieser Loks. Sie ist die einzige Baureihe, die von beiden deutschen Staatsbahnen beschafft wurde.

Entwicklung 90 Loks umfasste die Serie, von denen 112 101-1 bis 145-8 zur DR gelangten, 112 146-6 bis 190-4 übernahm die DB. Alleiniger Hersteller war AEG in Hennigsdorf.

Mit der 112 101-1 kam am 2. Dezember 1992 die erste Lok zur DR, die sie wie alle weiteren Maschinen in Berlin beheimatete. Auch die DB-Loks waren zunächst in Berlin zu Hause.

Fahrzeugbau Der Brückenrahmen trägt die beiden Führerhäuser. Diese Bauteile sind zusammen mit den gesickten Seitenwänden zu einer selbsttragenden Einheit verschweißt. Alle vier Dachhauben über dem Maschinenraum sind abnehmbar. Die Lüftungsöffnungen mit Fliehkraft-Sedimentations-Abscheidegittern liegen in der kurzen Schräge zwischen den Seitenwänden und dem Dach. Brückenträger und Kastenaufbau stützen sich über sechs Flexicoil-Schraubenfedern auf beide Drehgestelle ab. Die Schwingungsdämpfung erfolgt über vier Hydraulik-Stoßdämpfer.

Die geschweißten Drehgestellrahmen bestehen aus kastenförmigen Hohlträgern und Querrippen. An ihren nach unten gekröpften Stirnquerträgern sind Schienenräumer montiert. An den mittleren Querträgern, die auch der Drehzapfenaufnahme dienen, sind die Tatzlagermotoren aufgehängt. Die Drehgestelle sind durch eine Querkupplung verbunden. Die Loks besitzen im Gegensatz zur ersten Bauserie (heute 114) kleine, einfache Einheitsstirnlampen. Der Anstrich erfolgte in Orientrot, das inzwischen bei allen Loks durch Verkehrsrot abgelöst wurde.

Die Baureihe 112 unterscheidet sich von der Baureihe 114 u. a. durch kleine, einfache Frontscheinwerfer

Elektrik Die 112 besitzt zwei Einholmstromabnehmer, einen fremdbelüfteten Dreischenkel-Kerntransformator und ein motorbetriebenes Hochspannungs-Stufenschaltwerk. Mit einem Thyristorschalter können die Fahrstufen beinahe stufenlos und ruckfrei überschaltet werden.

Als Fahrmotoren sind zwölfpolige Wechselstrom-Reihenschlussmotoren mit einem Hohlwellenantrieb mit Gummiringkegelfeder eingebaut.

Die fahrdrahtunabhängige elektrische Widerstandsbremse entwickelt eine Dauerleistung von 2.200 kW.

Dank ihrer Wendezugsteuerung können die Loks auch von Steuerwagen aus bedient werden. Die zeitmultiplexe Wendezugsteuerung (ZWS) erlaubt den Einsatz vor S-Bahn-Zügen. Inzwischen wurde eine zeitmultiplexe Doppeltraktionssteuerung (ZDS) nachgerüstet.

Einsatz Alle Loks der Baureihe 112 sind noch im Unterhaltungsbestand. Sie gehören zur DB Regio, die sie von Rostock, Cottbus, Braunschweig, Köln, Kiel und Nürnberg vor schnellen RegionalExpress-Zügen einsetzt.

TECHNISCHE DATEN	
Länge über Puffer	16.640 mm
Achsfolge	Bo'Bo'
Treibraddurchmesser	1.250 mm
Achsstand im Drehgestell	3.300 mm
Gesamter Achsstand	11.800 mm
Dienstmasse	82 t
Maximale Radsatzlast	21 t
Höchstgeschwindigkeit	160 km/h
Nennleistung	4 x 1.055 kW
Motorbauart	12-poliger Reihenschlussmotor
Antriebsart	LEW-Kegelringfeder
Anfahrzugkraft	248 kN
Stromsystem	15 kV~/16,7 Hz
Indienststellung	1992 – 1993
Bestand (Herbst 2006)	90 Lokomotiven DB Regio

Die Baureihe 113 wurde Anfang der 1960er-Jahre als E 10^{12} für den TEE „Rheingold" beschafft

Für den TEE-Verkehr zweigte die DB in den 1960er-Jahren Maschinen der Reihe E 10 (110) ab und passte sie den besonderen Einsatzbedingungen an.

Entwicklung Für den Ausbau des TEE-Netzes und dessen Paradezug „Rheingold" benötigte die DB Lokomotiven, die Geschwindigkeiten von 160 km/h erreichen konnten. Anstelle einer Neukonstruktion wurden 1962 sechs Loks aus der laufenden E 10-Lieferung mit einer geänderten Getriebeübersetzung und anderen Drehgestellen versehen und als E 10^{12} bezeichnet. 1963/64 folgten die nächsten fünf Loks. 20 weitere – nun mit herkömmlichen E 10-Drehgestellen – wurden 1968 beschafft. Sie erhielten die Nummern 112 265-4 bis 270-4, 308-2 bis 312-4 und 485-8 bis 504-6. Krauss-Maffei und Henschel lieferten den mechanischen, SSW den elektrischen Teil.

Ende der 1980er-Jahre wurde die letzte Serie (112 485-8 bis 504-6) als Baureihe 114 bezeichnet. Später, nachdem sie der 110 angeglichen worden war, bekam sie die Nummern 110 485-0 bis 504-8. Die verbliebenen elf Loks wurden als Baureihe 113 bezeichnet, um im Nummernschema Platz für die 212 der DR zu machen, die ab 1992 als Baureihe 112 geführt wurde.

Fahrzeugbau Fahrzeugkasten, Brückenrahmen und Drehgestelle sind komplett geschweißt. Die Frontgestaltung der Loks wurde mit der Bezeichnung „Bügelfalten-Lok" quittiert. Im Verlauf

Neben DB AutoZug hat auch das DB Museum eine Lokomotive der Baureihe 113

ihrer Einsatzzeit wurden die selben Änderungen wie bei der Baureihe 110 durchgeführt. Das erste Farbschema in Blau/creme musste schon bald dem rot/beigen TEE-Anstrich weichen. Die drei verbliebenen Einsatzloks wurden inzwischen verkehrsrot lackiert. Nur die 113 311-5 des DB-Museums hat noch den rot/beigen Anstrich.

Elektrik Die elektrische Ausrüstung entspricht ebenfalls der Baureihe 110. Die Konstruktion der beiden Scherenstromabnehmer, des fremdbelüfteten, ölgekühlten Haupttransformators und der 28-stufigen Hochspannungssteuerung für die Fahrmotoren mussten für die schnelleren Loks nicht geändert werden.

Gebremst wird mit einer Druckluft-Klotzbremse und einer fremderregten Gleichstrom-Widerstandsbremse.

Einsatz Alle drei Loks wurden von DB AutoZug übernommen.

TECHNISCHE DATEN	
Länge über Puffer	16.440 mm
Achsfolge	Bo'Bo'
Treibraddurchmesser	1.250 mm
Achsstand im Drehgestell	3.400 mm
Gesamter Achsstand	11.300 mm
Dienstgewicht	86,0 t
Maximale Radsatzlast	21,5 t
Höchstgeschwindigkeit	160 km/h
Leistung	4 x 925 kW
Motorbauart	14-poliger Reihenschlussmotor
Antriebsart	Siemens Gummiringfeder
Anfahrzugkraft	275 kN
Stromsystem	15 kV~/16,7 Hz
Indienststellung	1962 – 1964
Bestand (Herbst 2006)	3 Lokomotiven DB AutoZug, DB Museum

Die erste Serie der Baureihe 112 wurde bei der DB Regio in 114 umgezeichnet

1989 herrschte bei der Reichsbahn der DDR ein Bedarf an schnellen Reisezuglokomotiven. Deshalb entstand die geringfügig modifizierte Schnellzuglok-Baureihe 112 (heute 114).

Entwicklung Auf der Leipziger Messe im Frühjahr 1982 stellte die DR eine neue Ellok unter der Nummer 212 001-2 vor. Später wurde die Lok als 243 001-5 bezeichnet. LEW lieferte 1990 die vier Prototypen 112 002-1 bis 112 005-4, die sowohl von der Reichsbahn als auch von der Bundesbahn ausgiebig erprobt wurden. 1991 folgte eine erste Serie von 35 Loks, die 1992 mit der Produktion der 112 040-1 endete.

Fahrzeugbau Die Konstruktion entspricht weitgehend der 143. Abwandlungen gibt es bei der Bauart der Lüftergitter. Der geschweißte Brückenrahmen trägt den Lokkasten mit den beiden Führerständen und gesickten Seitenwänden. Abnehmbare Dachhauben ermöglichen den Zugang zum Maschinenraum auch von oben. Der Aufbau stützt sich über sechs Flexicoil-Schraubenfedern auf die Drehgestelle ab. Hydraulik-Stoßdämpfer vermindern die Kastenbewegungen.

Die Drehgestellrahmen sind aus Kastenhohlträgern geschweißt. An den mittleren Querträgern, die auch der Drehzapfenaufnahme dienen, sind die Fahrmotoren aufgehängt. Eine Querkupplung verbindet die Drehgestelle.

Die erste Bauserie unterscheidet sich durch große, getrennt angeordnete DR-Scheinwerfer von ihren Nachfolgern. Der Anstrich erfolgte in Orientrot. Die ersten vier Loks unterschieden sich durch die Anordnung der Kontrastflächen und die Farbgebung des Rahmens von den folgenden Fahrzeugen. Bei Fristterminen wurden die 114er in Verkehrsrot umlackiert.

Elektrik Der Fahrstrom wird über Einholmstromabnehmer dem fremd-

Alle Loks der Baureihe 114 sind verkehrsrot lackiert und wendezugfähig

belüfteten Haupttransformator und dem Hochspannungs-Stufenschaltwerk zugeführt. Die Fahrstufen werden über einen Thyristorschalter geregelt. Als Fahrmotoren wurden zwölfpolige Wechselstrom-Reihenschlussmotoren gewählt.

Einsatz Weil sich die Loks der Baureihe 112^0 technisch deutlich von den 112^1 unterscheiden, wurden sie am 1. April 2000 in die Baureihe 114 umgezeichnet. Bis auf eine Lok gehören alle 114 der DB Regio. Sie sind in Cottbus und Rostock beheimatet und werden auf den RegionalBahn-Strecken von und nach Berlin eingesetzt. Dort befördern sie neue, 160 km/h schnelle Doppelstock-Wendezüge. Die ehemalige 112 025-2 gelangte zum FTZ Minden (Westf) und wurde dort als 755 025-4 bezeichnet. Inzwischen trägt sie die Nummer 114 501-9 und untersteht der DB Systemtechnik in München. 143 171-7 und 120-4 wurden für eine Höchstgeschwindigkeit von 160 km/h umgebaut. Sie bekamen die Nummern 114 101-9 und 301-5. Sie sind in Magdeburg beheimatet, von wo sie vor Mess- und Regelzügen eingesetzt werden.

TECHNISCHE DATEN	
Länge über Puffer	16.640 mm
Achsfolge	Bo'Bo'
Treibraddurchmesser	1.250 mm
Achsstand im Drehgestell	3.300 mm
Gesamter Achsstand	11.800 mm
Dienstmasse	82,8 t
Maximale Achslast	21 t
Höchstgeschwindigkeit	160 km/h
Leistung	4 x 1.055 kW
Motorbauart	12-poliger Reihenschlussmotor
Antriebsart	LEW-Kegelringfeder
Anfahrzugkraft	248 kN
Stromsystem	15 kV~/16,7 Hz
Indienststellung	1982*, 1990 – 1992
Bestand (Herbst 2006)	40 Lokomotiven DB Regio, DB Systemtechnik**

* Versuchslok 212 001-2, ** 114 501-0

Loks der Baureihe 120 werden überwiegend mit Wendezügen im IC- und EC-Dienst eingesetzt

Die Baureihe 120 ist mit ihren Drehstrom-Asynchronmotoren eine technisch hoch entwickelte Universallokomotive für den schnellen Personen- und Güterverkehr.

Entwicklung 1976 schrieb die DB eine vierachsige Universallokomotive aus und beschaffte 1979 und 1980 fünf Vorserienloks mit den Nummern 120 001-3 bis 005-4. Nach umfangreichen Versuchen folgten in den Jahren 1987 und 1988 60 Serienloks, die mit den Nummern 120 101-1 bis 160-1 übernommen wurden. Sie ersetzten die letzten Vorkriegselloks der DB.

Die Lokomotiven wurden zu gleichen Teilen von Henschel, Krauss-Maffei und Krupp im mechanischen, sowie von AEG, BBC und SSW im elektrischen Teil gebaut.

Fahrzeugbau Moderner Leichtbau kennzeichnet die Baureihe 120. Ihr Hauptrahmen und der Lokomotivkasten bilden eine selbsttragende, miteinander verschweißte Konstruktion. Der Kasten ist nicht als beblechtes Gerippe gefertigt, sondern besteht aus zwei dicken Blechen ohne Kastensäulen. Die wenigen, in den Dachschrägen angeordneten Lüfter saugen die Kühlluft an und führen sie durch Kanäle direkt dem Haupttransformator und dem Stromrichter zu. So wird eine übermäßige Verschmutzung des Maschinenraums verhindert. Die Abstützung des Aufbaus auf die Drehgestelle erfolgt über Flexicoil-Schraubenfedern.

Die beiden zweiachsigen Drehgestelle sind aus kastenförmigen End- und Mittelträgern hergestellt. Bei einigen Bauteilen kam Leichtmetall zum Einsatz.

Die Serienloks der Baureihe 120^{1} waren die ersten Maschinen, die ab Werk in Orientrot geliefert wurden. Inzwischen sind nahezu alle Loks verkehrsrot. Lediglich 120 117-7, 126-8, 139-1, 142-5, 143-3, 148-2, 149-0, 152-4, 154-0 und 155-7 präsentieren sich noch im Orientrot der späten 1980er- und 1990er-Jahre. 120 151-6 ist als einzige Lok dieser Baureihe blau. Sie wirbt für das Zweite Deutsche Fernsehen (ZDF).

Als einzige 120 macht 120 151-6 in blauer Lackierung Werbung für das ZDF.

Elektrik Die Loks sind mit Einholm-Stromabnehmern des Typs SBS 80 aus Aluminium ausgerüstet. Über den erstmals unterflur aufgehängten Haupttransformator und zwei gemeinsam gesteuerte Traktionsstromrichter werden die vier vierpoligen Drehstrom-Asynchronmotoren gespeist. In der Baureihe 120 wurden derartige Motoren weltweit zum ersten Mal in eine Vollbahnlokomotive eingebaut. Ihre Drehzahl wird digital gemessen und ihre Spannung über eine Zug- und Bremskraftsteuerung geregelt.

Die Druckluftbremse wird durch eine elektrische Netzbremse ergänzt. LZB, automatische Fahr- und Bremssteuerung (AFB), zeitmultiplexe Doppeltraktionssteuerung (ZDS) für den Doppeltraktions- und Wendezugbetrieb sowie eine Notbremsüberbrückung vervollständigen die Ausrüstung.

Einsatz Die Baureihe ist in München zu Hause und befördert meist mit Steuerwagen versehene IC-Züge und, vor allem nachts, auch schwere Güterzüge.

Zwei Lokomotiven wurden von der DB Systemtechnik in München übernommen. Sie werden bevorzugt zu Messeinsätzen herangezogen, sind aber auch öfters vor Regelzügen zu finden. Aus der 120 153-2 wurde die 120 501-4. Die 120 160-7 wurde in 120 502-2 umgezeichnet.

TECHNISCHE DATEN	
Länge über Puffer	19.200 mm
Achsfolge	Bo'Bo'
Treibraddurchmesser	1.250 mm
Achsstand im Drehgestell	2.800 mm
Gesamter Achsstand	13.000 mm
Dienstmasse	83,2 t
Maximale Radsatzlast	21 t
Höchstgeschwindigkeit	200 km/h
Leistung	4 x 1.400 kW
Motorbauart	Drehstrom-Asynchronmotor
Antriebsart	BBC-Gelenk
Anfahrzugkraft	340 kN
Stromsystem	15 kV~/16,7 Hz
Indienststellung	1987 – 1988
Bestand (Herbst 2006)	58 + 2 z Lokomotiven DB Fernverkehr, DB Systemtechnik

Die meisten Loks der Baureihe 139 haben inzwischen Puffer mit eckigen Tellern

31 Lokomotiven der Baureihe E 40 wurden während des Baus mit einer zusätzlichen elektrischen Widerstandsbremse versehen und als Baureihe E 40^{11} bezeichnet.

Entwicklung Die Maschinen wurden ab 1968 als 139 131-7 bis 137-4, 163-0 bis 166-3, 309-9 bis 316-4 und 552-4 bis 563-1 bezeichnet. Sie ersetzten im Höllental die Tenderlokomotiven der Baureihe 85. Vier Loks kamen zunächst auf der Steilrampe Erkrath-Hochdahl zum Einsatz. Durch Umbauten aus der Baureihe 110 kamen zwischen 1993 und 1995 weitere 20 Loks hinzu. Im Gegenzug war bereits im Sommer 1985 die 139 134-1 in die 110 511-3 umgebaut worden.

Fahrzeugbau In ihrem Aussehen und im größten Teil der Technik entspricht die Baureihe 139 der Baureihe 140. Sie hat jedoch eine fremderregte, thyristorgesteuerte elektrische Widerstandsbremse, mit der sie für Einsätze auf Steilstrecken besonders prädestiniert ist. Weil die 110 ebenfalls mit dieser Bremse ausgestattet ist, gestaltete sich der Umbau von 110 auf 139 einfach: Maschinen der Baureihe 140 gaben vor der Verschrottung ihre Drehgestelle an Loks der Reihe 110 ab, die nun in 139 umgezeichnet wurden. Die freigewordenen Drehgestelle der Baureihe 110 wiederum wurden zur Ertüchtigung der ehemaligen Rheingold-Loks 114 485-8 bis 504-6 benutzt. Deren beschädigte Drehgestelle wurden verschrottet. Alle Loks der Baureihe 139 sind verkehrsrot.

Elektrik Die fahrdrahtunabhängige elektrische Gefällebremse der Baureihe 139 ist mit der selbsttätigen Druckluftbremse verbunden. Damit kann ein hoher Bremsklotzverschleiß und die übermäßige Erwärmung der Radreifen auf langen und steilen Gefällestrecken vermieden werden. Die zusätzlichen Bremswiderstandslüfter sind in die Dachhaube integriert. Dies ist am separaten Lüfter

Die 139 der DB Regio werden auch vor FbZ (Fernzug für besondere Zwecke) zur Überführung von Reisezugwagen in Ausbesserungswerke eingesetzt

im Dachaufbau zu erkennen. Wie bei den meisten Loks der Baureihe 140 wurden auch bei den 139 die ursprünglichen Scherenstromabnehmer gegen Einholmstromabnehmer der Bauart SBS 80 ausgetauscht. In die Lokomotiven 139 131-7, 135-8 bis 137-4 und 309-9 bis 316-4 wurde nachträglich eine Wendezugsteuerung eingebaut.

Einsatz Alle Maschinen dieser Baureihe gehören Railion Deutschland und sind in Nürnberg stationiert. Von dort aus werden sie zusammen mit der Baureihe 140 im Güterzugdienst eingesetzt. Sie sind aber auch vor FbZ (Fernzug für besondere Zwecke) anzutreffen, mit denen u. a. beschädigte Reisezugwagen zu den Ausbesserungswerken gebracht werden. 2003 übernahm die Privatbahn „Lokomotion, Gesellschaft für Schienentraktion" die 139 133-3 und 177-0, ließ sie neu lackieren und setzt sie vor ihren Zügen ein. Die weißen Loks mit den markanten blauen Steifen, die ihnen schnell die Bezeichnung „Zebraloks" einbrachten, sind nun in ganz Deutschland vor Güter- und Sonderzügen privater Anbieter anzutreffen.

TECHNISCHE DATEN	
Länge über Puffer	16.490 mm
Achsfolge	Bo'Bo'
Treibraddurchmesser	1.250 mm
Achsstand im Drehgestell	3.400 mm
Gesamter Achsstand	11.300 mm
Dienstmasse	84,6 t
Maximale Radsatzlast	21,5 t
Höchstgeschwindigkeit	110 km/h
Leistung	4 x 925 kW
Motorbauart	14-poliger Reihenschlussmotor
Antriebsart	Siemens-Gummiringfeder
Anfahrzugkraft	275 kN
Stromsystem	15 kV~/16,7 Hz
Indienststellung	1959 – 1960*, 1964 – 1965*
Bestand (Herbst 2006)	41 Lokomotiven Railion Deutschland

* nur Original-Lokomotiven (keine Umbau-Loks)

140 450-8 ist die einzige 140 mit „Railion"-Beschriftung. Auffällig ist die Loknummer im weißen Balken

Mit der Baureihe 140 entwickelte die DB in den 1950er-Jahren eine universell einsetzbare Ellok für mittelschwere Züge, die bis heute unverzichtbar ist.

Entwicklung Am Bau der 848 Lokomotiven waren alle damals im Lokbau tätigen Firmen beteiligt: Krauss-Maffei, Krupp und Henschel für den mechanischen, BBC, SSW und AEG für den elektrischen Teil. Die Auslieferung erstreckte sich über einen Zeitraum von 17 Jahren, von 1956 bis 1973.

Fahrzeugbau Der komplett geschweißte Kasten ist mit dem Brückenrahmen verschweißt. Er entspricht der ersten Bauausführung des Kastens der eng verwandten Baureihe 110. Über Schraubenfedern und Gummielemente stützt sich der Aufbau auf die beiden zweiachsigen, in Drehzapfen geführten Drehgestelle ab. Während der Bauzeit wurden Modifikationen an Stirnlampen, Lüftungsgittern, Regenrinnen und Handgriffen vorgenommen. Bei den neueren Bauserien fällt zudem die Verschleißpufferbohle auf. Wie bei den E 10 wurden in die Stirnwände zunächst Einzellampen eingebaut. Erst ab E 40 163 wurden Doppellampen verwendet. Die Loks 140 776-6, 777-4 und 793-1 wurden mit automatischen Mittelpufferkupplungen bestückt. Die Baureihe 140 ist hauptsächlich in Verkehrsrot anzutreffen. Nur 140 024-1 und 140 829-3 tragen noch den orientroten Anstrich. Die traditionelle grüne Lackierung haben nur die Museumslokomotiven E 140 128 und 140 192-6. 140 423-5 ist noch ozeanblau/beige. 140 450-8 trägt als einzige den alten „Railion"-Schriftzug.

Elektrik Die beiden Scherenstromabnehmer DBS 54 sowie der fremdbelüftete und ölgekühlte Transformator

Neben Lokomotiven mit Scherenstromabnehmern gibt es auch Maschinen mit Einholmstromabnehmern

entsprechen der Baureihe 110. Neben der 28-stufigen Hochspannungs-Nachlaufsteuerung sind einige Bauserien mit einem Siemens-Hochspannungsschaltwerk mit Sprunglastschaltern bzw. einem Siemens-Schaltwerk mit Thyristor-Lastschaltern versehen. Für den Antrieb sorgen vier 14-polige Wechselstrom-Reihenschlussmotoren mit Siemens-Gummiringfederantrieb.

Neben den üblichen Zusatzausrüstungen Sifa, Indusi und Zugbahnfunk wurden 283 Lokomotiven mit einer Türblockierungseinrichtung versehen, damit sie weiterhin im Reisezugverkehr eingesetzt werden können. 31 Loks wurden von Beginn an mit einer elektrischen Bremsausrüstung ausgestattet und als Baureihe 139 bezeichnet.

Einsatz Ab 1993 wurden die ersten Loks ausgemustert, weil ihre Drehgestelle zum Umbau der alten Baureihe 114 (ex E 10^{12}) in die Baureihe 110 gebraucht wurden. Bei einigen Lokomotiven wurden die ursprünglichen Scherenstromabnehmer gegen Einholm-Abnehmer der Bauart SBS 80 getauscht.

140 128-0 wurde vom DB Museum übernommen und ist in der Außenstelle Koblenz hinterstellt.

TECHNISCHE DATEN	
Länge über Puffer	16.490 mm
Achsfolge	Bo'Bo'
Treibraddurchmesser	1.250 mm
Achsstand im Drehgestell	3.400 mm
Gesamter Achsstand	11.300 mm
Dienstmasse	83 t
Maximale Radsatzlast	20,9 t
Höchstgeschwindigkeit	110 km/h
Leistung	4 x 925 kW
Motorbauart	14-poliger Reihenschlussmotor
Antriebsart	Siemens-Gummiringfeder
Anfahrzugkraft	275 kN
Stromsystem	15 kV~/16,7 Hz
Indienststellung	1957 – 1973
Bestand (Hebst 2006)	238 + 59 z Lokomotiven Railion Deutschland, DB Musuem

Die 141 ist die älteste der „Einheits-Elloks“. Ihr folgten die Baureihen 110, 140 und 150

Als erste Variante des Einheitsellok-Programms wurde 1956 die heutige Baureihe 141 ausgeliefert. Ihr Einsatzgebiet im Nahverkehr hatte sich bis zu ihrer Abstellung nicht geändert.

Entwicklung Als Einsatzbereich für die Baureihe E 41 war der leichte Reise- und Güterverkehr auf elektrifizierten Haupt- und Nebenstrecken vorgesehen. Deshalb durfte eine Achslast von 15 Tonnen nicht überschritten werden. Henschel und BBC konstruierten die Baureihe, von der zwischen 1956 und 1971 die 451 Maschinen mit den Nummern 141 001-8 bis 451-5 gebaut wurden.

Fahrzeugbau Der Brückenrahmen ist mit dem Lokomotivkasten verschweißt. Die beiden Teile bilden eine selbsttragende Einheit. Über Schraubenfedern stützt sich der Aufbau auf die Drehgestelle ab. Drei kleinere Dachsegmente können für Wartungszwecke abgenommen werden. Während der Bauzeit änderte sich die Ausführung der Stirnlampen und Lüftungsgitter. Spätere Umbauten betrafen die Demontage der Regenrinnen, den Einbau anderer Griffstangen und Lüftergitter der Bauart „Klatte“. Die Zug- und Stoßvorrichtungen wurden direkt am Brückenrahmen befestigt. Die Drehgestelle haben tief liegende, seitenbewegliche Drehzapfen und sind mit einer Diagonalkupplung verbunden. Gummiringfeder-Antriebe dienen zur Übertragung des Drehmoments. Die noch bei der DB verbliebenen Loks sind Verkehrsrot. Die in den Ursprungszustand versetzte Museumslok E 41 001 ist wieder blau. Als grünes Exponat ist die E 41 006 im Eisenbahnmuseum Dieringhausen zu sehen.

Elektrik Stromabnehmer DBS 54, ein Druckluft-Schnellschalter und ein fremdbelüfteter, ölgekühlter Transformator bilden die Hauptspannungsausrüstung. Die Steuerung der Fahrmotoren erfolgt über ein druckluftbetriebenes Niederspannungsschaltwerk mit 28 Fahrstufen. Als Motoren kommen zehnpolige Wechselstrom-Reihenschlussmotoren vom Typ ABM 6651 zum Einsatz.

Viele Loks der Baureihe 141 erhielten noch den verkehrsroten Anstrich

141 436-6 bis 442-4 haben eine zeitmultiplexe Wendezugsteuerung, Zugzielanzeiger in den Stirnfenstern, Lautsprechereinrichtung und zentrale Türschließeinrichtungen. 141 447-3 bis 451-5 bekamen 1970 eine elektrische Nutzbremse der Bauart Oerlikon. Alle Lokomotiven sind mit einer Wendezugsteuerung ausgestattet.

Einsatz Obwohl die Loks der Baureihe 141 schon mehrfach aus dem Bestand verabschiedet wurden, hält das Werk Frankfurt (Main) noch die Maschinen 400-2, 401-0, 402-8 und 439-0 betriebsfähig vor. Die Loks werden allerdings nur noch zu Sondereinsätzen herangezogen.

Neben den bereits erwähnten Museumsloks E 41 001 und E 41 006 wird die verkehrsrote 141 248-5 von den Betzdorfer Eisenbahnfreunden betreut. Die ebenfalls verkehrsrote 141 366-5 ist zur Zeit als betriebsfähige Museums-141 der DB in Koblenz untergestellt.

TECHNISCHE DATEN	
Länge über Puffer	15.660 mm
Achsfolge	Bo'Bo'
Treibraddurchmesser	1.250 mm
Drehgestellradsatzstand	3.200 mm
Gesamter Radsatzstand	10.500 mm
Dienstmasse	66,4; 69* t
Maximale Radsatzlast	16,8 t
Höchstgeschwindigkeit	120 km/h
Leistung	4 x 600 kW
Motorbauart	10-poliger Reihenschlussmotor
Antriebsart	Siemens-Gummiringfeder
Anfahrzugkraft	216 kN
Stromsystem	15 kV~/16,7 Hz
Indienststellung	1956 – 1970
Bestand (Herbst 2006)	4 + 6 z Lokomotiven DB Regio, DB Museum

* 141 447-3 – 451-5

Die Loks der Baureihe 143 werden heute von der DB Regio überwiegend im Regionalverkehr eingesetzt

Mit dem Bau der 143 gelang LEW in Hennigsdorf eine zuverlässige Konstruktion. Die Lok kann mit Fug und Recht als „Mädchen für alles“ bezeichnet werden.

Entwicklung 1984 begann mit der 143 002-4 die Serienfertigung der Baureihe 143, nachdem 1982 mit der 212 001-2 (später 143 001-6) zunächst ein Baumuster präsentiert worden war. Im Dezember 1990 wurde der Bau der 646 Maschinen abgeschlossen. Sie teilen sich in drei Bauserien auf. Bei den 143 002-4 bis 370-5 (1. Serie) und 143 551-0 bis 659-1 (3. Serie) wurden im Gegensatz zu den 143 801-9 bis 968-6 (2. Serie) auf die Vielfachsteuerung verzichtet. Die Lokomotiven 143 660-8 bis 661-6 und 969-3 bis 973-5 entstanden durch den Wiederaufbau unfallbeschädigter Lokomotiven.

Fahrzeugbau Der geschweißte Brückenrahmen besteht aus zwei kastenförmigen Langträgern, den Drehzapfen- und mehreren Hilfsträgern zur Aufnahme der Maschinenraumausrüstung. Der Rahmen ist mit den Führerhäusern und den Seitenwänden zu einer selbsttragenden Einheit verschweißt. Die Lüftergitter befinden sich in der seitlichen Dachschräge. Ab 143 299-6 wurden die kantigen Übergänge zwischen den Stirnwänden und dem Dach durch Rundungen ersetzt.

Brückenträger und Kastenaufbau stützen sich über sechs Flexicoil-Schraubenfedern auf beide Drehgestelle ab. Für die Schwingungsdämpfung sind vier Hydraulik-Stoßdämpfer zuständig. Als Antrieb dient ein Tatzlager-Hohlwellenantrieb mit vier Fahrmotoren.

Elektrik Die 143 erhielt als erste Elloklreihe der DR Einholm-Stromabnehmer serienmäßig. Als Haupttransformator

Im Raum Nürnberg bespannen die Loks S-Bahn-Züge mit Wagen der Bauart „x"

wurde ein fremdbelüfteter Dreischenkel-Kerntransformator mit zwangsweisem Ölumlauf verwendet. Ein Thyristorsteller ermöglicht das praktisch stufenlose Überschalten zwischen den 30 Fahrstufen des Hochspannungs-Stufenschaltwerks. Die Übertragungssteuerung ist für Fahren, Bremsen, Stromabnehmerbetätigung und die Hilfsbetriebe ausgeführt. Alle Lokomotiven haben eine fahrleitungsabhängige elektrische Widerstandsbremse. Für den Einsatz im S-Bahn-Verkehr und vor Wendezügen wurde bei mehreren Maschinen eine zeitmultiplexe Wendezugsteuerung (ZWS) sowie eine zeitmultiplexe Doppeltraktionssteuerung (ZDS) nachgerüstet. Bei einigen Loks ist eine Mehrzugsteuerung vorhanden.

Einsatz Der Einsatz der zur DB Regio gehörenden Loks erfolgt bundesweit, vor allem in Ballungsgebieten. Im Rhein-Ruhr-Gebiet und im Nürnberger Raum werden auch aus x-Wagen gebildete S-Bahn-Züge bespannt. Im Güter- und Schnellverkehr sind die 143er selten geworden.

TECHNISCHE DATEN	
Länge über Puffer	16.640 mm
Achsfolge	Bo'Bo'
Treibraddurchmesser	1.250 mm
Achsstand im Drehgestell	3.300 mm
Gesamter Achsstand	11.800 mm
Dienstgewicht	82,5 t
Maximale Radsatzlast	21 t
Höchstgeschwindigkeit	120 km/h
Leistung	4 x 930 kW
Motorbauart	12-poliger Reihenschlussmotor
Antriebsart	LEW-Kegelringfeder
Anfahrzugkraft	240 kN
Stromsystem	15 kV~/16,7 Hz
Indienststellung	1984 – 1990
Bestand (Herbst 2006)	599 + 22 z Lokomotiven DB Regio

Die Loks ähneln der Baureihe 101 und sind für Züge im Regional- und Güterverkehr vorgesehen

Zur Erneuerung des Elektrolokbestands der DB gehörte auch die Beschaffung leichter Mehrzwecklokomotiven, die Aufgaben der Baureihen 140/141 übernimmt.

Entwicklung 1998 begann die Auslieferung der 80 Lokomotiven aus der „ECO 2000"-Familie. Sie basieren auf der Versuchslok 128 001-5 von AEG. Hersteller ist ADtranz Deutschland, gebaut wurden die Loks in den Werken Hennigsdorf und Kassel.

Fahrzeugbau Der Lokkasten – als robuste Schweißkonstruktion ausgeführt – besteht aus den Baugruppen Untergestell, Führerhäuser und Seitenwände. Das Äußere ist betont glattflächig. Die für Wartungszwecke abnehmbaren Dach-hauben reichen bis zu den in den Dachschrägen angeordneten Lüftergittern. Die Führerhäuser sind druckdicht ausgeführt und unterhalb der Stirnfenster besonders kräftig ausgebildet, um den Lokomotivführer im Fall einer Kollision zu schützen. Die beiden zweiachsigen Drehgestelle in Flexifloat-Bauweise übertragen über Zug- und Druckstangen die Zug- und Stoßkräfte. Die Radsätze weisen als Neuerung integrierte Radscheibenbremsen auf, die den Verschleiß an den Rädern verringern. Für die relativ geringe Höchstgeschwindigkeit genügen Tatzlagerantriebe.

Die Baureihe 145 wurde von Beginn an verkehrsrot lackiert mit weißem Balken an der Front und dem Schriftzug „DB Cargo" an der Seite.

Elektrik Die Konstruktion der Hochspannungsausrüstung wurde im wesentlichen von der Baureihe 101 übernommen. Allerdings ist sie an die geringere Leistung angepasst. Jedes Drehgestell wird von einem Stromrichter (zwei Vierquadrantensteller, ein Pulswechselrichter) versorgt.

Der erstmals eingebaute Energiezähler ermöglicht es, die vom Fahrdraht tatsächlich aufgenommene Leistung unter Berücksichtigung der beim Bremsen zurückgegebenen Leistung mit dem

145 024-6 zeigt die Farbgebung mit kleinem DB-Logo und weißem Streifen über den Lichtern

Netzbetreiber zu verrechnen. Die Hilfsbetriebe werden von Drehstrommotoren angetrieben und aus zwei Umrichtern versorgt. Die Leittechnik ist mit zwei integrierten Steuergeräten (ISG) redundant ausgeführt. Jedes Steuergerät enthält Funktionen zur Zug-, Fahr- und Antriebssteuerung sowie zur Verwaltung des Multifunctional Vehicle Bus (MVB). Über den MVB sind alle rechnergesteuerten Untersysteme mit dem ISG verbunden.

145 018-8 und 019-6 der RegionalBahn Rheinland-Pfalz, einer Tochter der DB Regio, wurden mit ihrem „Nahverkehrspaket" zu Vorläufern der Baureihe 146. Auch die Loks 145 031-1 bis 050-1 haben diese Ausstattung. Sie beinhaltet unter anderem das Fahrgastinformationssystem, GPS-gestützte automatische Ansagen, Mikrofone für Ansagen durch den Lokführer sowie eine seitenselektive Türsteuerung.

Einsatz Die Lokomotiven der Railion Deutschland sind alle in Seddin beheimatet und im Güterzugdienst fast in ganz Deutschland anzutreffen.

In Sachsen sind sie zudem noch vor hochwertigen Reisezügen zu finden. So werden im Raum Dresden IC-Züge mit diesen Loks bespannt. Viele 145 werden von Privatbahnen eingesetzt.

TECHNISCHE DATEN	
Länge über Puffer	18.900 mm
Achsfolge	Bo'Bo'
Treibraddurchmesser	1.250 mm
Achsstand im Drehgestell	2.600 mm
Gesamter Achsstand	13.000 mm
Dienstmasse	80 t
Maximale Radsatzlast	21 t
Höchstgeschwindigkeit	140 km/h
Leistung	4 x 1.050 kW
Motorbauart	Drehstrom-Asynchronmotor
Antriebsart	Tatzlager
Anfahrzugkraft	300 kN
Stromsystem	15 kV~/16,7 Hz
Indienststellung	1998 – 2000
Bestand (Herbst 2006)	79 + 1 z Lokomotiven Railion Deutschland

Die Baureihe 146 hat Zugzielanzeiger und ein Fahrgastinformationssystem für den Regionalverkehr

Neben der Version für Güterzüge (Baureihe 145) beschaffte die DB auch eine 160 km/h schnelle Ausführung dieser Lok für den Regionalverkehr.

Entwicklung Die „TRAXX“-Lokomotiven wurden im Anschluss an die Baureihe 145 ebenfalls von ADtranz geliefert und als Baureihe 146 in den Fahrzeugpark der DB eingeordnet.

Fahrzeugbau Für den Lokkasten wurde eine geschweißte Stahlkonstruktion verwendet, die sich in die Segmente Führerräume, Seitenwände, Dach und Untergestell aufteilt.

Flexicoil-Federn stellen die Verbindung zwischen dem Untergestell und den beiden Drehgestellen her.

Das Untergestell besteht aus liegenden Langträgern, den Hauptquerträgern und einem mittleren Querträger, an dem unterflur der Haupttransformator befestigt ist. Kopfquerträger nehmen die Zug- und Stoßvorrichtung auf.

Das Dach besteht aus drei abnehmbaren Hauben, in die die Lüftungsöffnungen integriert sind. Sämtliche Aggregate werden von oben in den Lokkasten ein- und ausgebaut.

Die Führerräume sind druckdicht und voll klimatisiert. Sie werden über seitliche Türen betreten. Die eingeklebten Frontscheiben haben eine Scheibenheizung und eine Wisch-Waschanlage.

Anders als die Baureihe 145 ist die Baureihe 146 mit einem Gealif-Hohlwellen-Antrieb ausgestattet, der eine Höchstgeschwindigkeit von 160 km/h erlaubt. Die Asynchron-Drehstrommotoren und die zugehörigen Getriebe bilden eine geschlossene Einheit.

Gebremst werden die Loks durch eine Druckluft-Scheibenbremse mit zwei Bremsscheiben je Radsatz.

Elektrik Zwei Einholmstromabnehmer der Bauart DSA 200 versorgen die Lokomotiven mit Energie. Am Hauptschalter ist ein Stromzähler angeordnet. Die

Die Loks der Unterbaureihe 146² waren 2006 in Baden-Württemberg und Bayern zu Hause

elektrischen Einrichtungen sind zu Modulen zusammengefasst und vom Mittelgang aus erreichbar. Für die Steuerung verfügen die Loks über ein Multifuncional-Vehicle-Bus-System (MVB), mit dem alle Steuergeräte verbunden sind. Das „Nahverkehrspaket" besteht u. a. aus einer Türsteuerung, einer Notrufeinrichtung, einem Fahrgastinformationssystem und einer Zugzielanzeige über den Frontfenstern.

Einsatz Die verkehrsroten Loks sind in Dortmund, Köln, Braunschweig, Freiburg, Frankfurt (Main), Stuttgart und Nürnberg beheimatet. Sie werden bevorzugt vor Doppelstockwagen im Regionalverkehr eingesetzt und lösen dort die Loks der Baureihen 110 und 111 ab.

Auch einige Privatbahnen haben inzwischen Loks des Typs „TRAXX P 160 AC2", wie die Lok offiziell heißt, in ihrem Bestand. Dazu gehören die „Metronom"-Loks der Landesnahverkehrsgesellschaft Niedersachsen (LNVG). Sie werden von Uelzen aus auf den Strecken Uelzen – Hamburg und Hamburg – Bremen eingesetzt. Auch die Connex AG hat 146² in ihrem Bestand. Sie werden für die Fernverkehrsverbindungen südlich von Hamburg benötigt.

TECHNISCHE DATEN	
Länge über Puffer	18.900 mm
Achsfolge	Bo'Bo'
Treibraddurchmesser	1.250 mm
Achsstand im Drehgestell	2.600 mm
Gesamter Achsstand	13.000 mm
Dienstmasse	80**; 82; 84* t
Maximale Radsatzlast	20,5; 21* t
Höchstgeschwindigkeit	160 km/h
Leistung	4 x 1.050; 4 x 1.400* kW
Motorbauart	Drehstrom-Asynchronmotor
Antriebsart	Gealif-Hohlwellen
Anfahrzugkraft	300 kN
Stromsystem	15 kV~/16,7 Hz
Indienststellung	seit 2001
Bestand (Herbst 2006)	98 Lokomotiven DB Regio, RAB

* 146¹ und 146², ** 146 001-3 – 146 007-0

Die Lokomotiven der Baureihe 151 werden von der Railion Deutschland im Güterzugdienst eingesetzt

Um den Bedarf an schweren Güterzuglokomotiven zu decken, konstruierte die DB in den 1970er-Jahren schnellere und modernere Nachfolger für die Baureihe 150.

Entwicklung Zur Ergänzung der seit den 1950er-Jahren gebauten Loks der Baureihe 150 beschaffte die DB von 1973 bis 1977 die leistungsfähigere und technisch weiterentwickelte Baureihe 151 in 170 Exemplaren. Henschel, Krauss-Maffei und Krupp zeichneten für den mechanischen, AEG, BBC und SSW für den elektrischen Teil verantwortlich.

Fahrzeugbau Mit dem Brückenrahmen sind drei abnehmbare Maschinenraumhauben verschraubt. Wartungs- und Instandsetzungsarbeiten an größeren Bauteilen werden so vereinfacht. Die Führerhäuser sind voll klimatisiert.

Die beiden dreiachsigen Drehgestelle werden ohne Drehzapfen geführt und übertragen die Zugkräfte über Mitnehmer und Druck-Schub-Federn.

Beim Antrieb handelt es sich um den bewährten SSW-Gummiringfederantrieb.

Die Loks 151 089-0 bis 099-9 und 114-6 bis 122-9 sind zur Beförderung schwerer sechsachsiger Erzwagen mit automatischen Mittelpufferkupplungen ausgestattet.

Die Maschinen wurden zunächst in Grün, ab 151 076-7 ozeanblau/beige abgeliefert. Mittlerweile sind sie verkehrsrot lackiert. 151 134-4 zeigt sich noch in Orientrot. Als zukünftige Museumslok hat 151 049-4 nicht nur einen grünen Anstrich, sondern auch noch die Embleme der Deutschen Bundesbahn.

Elektrik Die ursprünglichen Scherenstromabnehmer des Typs DBS 54 wurden inzwischen bei den meisten Loks durch Einholmstromabnehmer der Bau-

Der Einholmstromabnehmer ist inzwischen kennzeichnend für viele Loks der Baureihe 151

art SBS 80 mit neuen Schleifleisten ersetzt. Der Haupttransformator leistet 6.300 kVA und besitzt ein 29-stufiges Hochspannungs-Schaltwerk.

Sechs Wechselstrom-Reihenschlussmotoren treiben alle Achsen an. Sie werden über eine servomotorisch betriebene Nachlaufsteuerung mit einem Handrad geregelt, wobei der Stufenvergleich elektronisch erfolgt. Eine Widerstandsbremse ergänzt die Druckluftbremse. Alle Maschinen verfügen zudem über Einrichtungen für Mehrfachtraktion und Wendezugbetrieb. Einige Loks erhielten nachträglich eine Linienzugbeeinflussung.

Einsatz Die vorhanden Loks sind in Nürnberg zusammengezogen und mit Güterzügen auf fast allen elektrifizierten Hauptstrecken der DB anzutreffen. Lediglich die Maschinen 151 054-4, 072-6 und 120-3 wurden nach schweren Unfällen bereits aus dem Bestand gestrichen. Sieben weitere Loks sind von der Untersuchung zurückgestellt und somit nicht einsatzfähig.

TECHNISCHE DATEN	
Länge über Puffer	19.490 mm
Achsfolge	Co'Co'
Treibraddurchmesser	1.250 mm
Achsstand im Drehgestell	2.000 + 2.450 mm
Gesamter Achsstand	13.660 mm
Dienstmasse	118 t
Maximale Radsatzlast	19,7 t
Höchstgeschwindigkeit	120 km/h
Leistung	6 x 1.050 kW
Motorbauart	Reihenschlussmotor
Antriebsart	Siemens-Gummiringfeder
Anfahrzugkraft	441 kN
Stromsystem	15 kV~/16,7 Hz
Indienststellung	1973 – 1977
Bestand (Herbst 2006)	160 +7 z Lokomotiven Railion Deutschland

Die Doppeltraktionseinrichtung ermöglicht dem Lokführer das Steuern mehrerer Loks

Die 152 ist die zweite Baureihe einer neuen Ellok-Generation. Für die ehemalige DB Cargo bestimmt, hat sie inzwischen die Einheits-Güterzugloks aus den 1950er- und 1960er-Jahren ersetzt.

Entwicklung Im Juli 1997 begann die Auslieferung der 195 bestellten Lokomotiven. Technisch basiert die Nachfolgerin der Baureihen 150 und 151, auf dem „EuroSprinter", der bei der DB als 127 001-6 getestet wurde. Alle Maschinen wurden von Siemens und Krauss-Maffei gebaut und als 152 001-4 bis 170-9 bei der DB eingereiht.

Die Lieferung der letzten 25 Maschinen wurde im Jahr 2000 storniert. Stattdessen beschaffte die DB als Baureihe 182 die ÖBB-Zweisystem-Baureihe 1116 „Taurus". Eine Option auf weitere 100 Maschinen wurde 2001 in eine Bestellung von Mehrsystemlokomotiven der Baureihe 189 umgewandelt.

Fahrzeugbau Der Lokkasten besteht aus dem Untergestell, den Seitenwänden, drei abschraubbaren Dachelementen und zwei Führerhäusern. Er ist betont glattflächig, die wenigen Lüftergitter liegen in der Dachschräge, die Stirnfenster sind bündig eingesetzt. Der Lokkasten bildet eine verwindungssteife Einheit und ruht auf zwei zweiachsigen Drehgestellen, die als geschlossene Konstruktion ausgeführt sind. Ihr Mittelträger nimmt die Drehzapfen auf. Die Monobloc-Radsätze sind mit zwei innenbelüfteten Radbremsscheiben je Rad ausgestattet. Als Antrieb wurde der klassische Tatzlagerantrieb verwendet.

Der Führerraum ist voll klimatisiert, wärme- und schallisoliert. Der Führertisch mit seinen Anzeige- und Bedienelementen ist nahezu identisch mit dem des ICE 1. Der Triebfahrzeugführer kann seinen Proviant in der Heiz- und Kühlbox frischhalten oder aufwärmen. Sein Sitzplatz ist luftgefedert.

Die Baureihe 152 wurde von Anfang an verkehrsrot lackiert, Rahmen und Dachschräge heben sich hellgrau ab. An der Front ist statt des gewohnten „Lätzchens" eine weiße Kontrastfläche angebracht.

Elektrik Die Maschinen haben zwei Einholmstromabnehmer des Typs SSS 87

Die vierachsige Baureihe 152 ist der sechsachsigen 151er leistungsmäßig um 100 kW überlegen

mit Schnellfahrwippe. Der Hauptschalter ist wie beim ICE als Vakuumschalter ausgeführt. Über den mit Polyol-Ester gekühlten Haupttransformator und den Traktionsumrichter gelangt der Strom zu den vier vierpoligen Drehstrom-Asynchronmotoren. Die Motoren stützen sich einerseits über zwei Tatzlager an den Radsatzwellen und andererseits über eine Pendelstütze auf den Drehgestellrahmen ab.

Die Lokomotiven sind mit zwei zentralen Steuergeräten SIBAS 32 mit integrierter automatischer Fahr- und Bremssteuerung, zentraler Weg- und Geschwindigkeitserfassung, Sicherheitsfahrschaltung und zentraler Diagnose ausgerüstet. Neben induktiver Zugsicherung (Indusi) und Zugbahnfunk sind sie auch mit Linienzugbeeinflussung der Bauart LZB 80 versehen.

Einsatz Von Nürnberg aus werden die Lokomotiven von Railion Deutschland im schweren Güterzugdienst eingesetzt. Die Maschinen sind dabei auf dem gesamten elektrifizierten Streckennetz der Deutschen Bahn anzutreffen. 152 075-8 schied durch einen Unfall bereits aus und wurde durch eine neue Lokomotive ersetzt, die die gleiche Nummer bekam.

152 032-9 erhielt stärkere Fahrmotoren, IGBT-Stromrichter und wurde in 152 190-5 umgezeichnet.

TECHNISCHE DATEN	
Länge über Puffer	19.580 mm
Achsfolge	Bo'Bo'
Treibraddurchmesser	1.250 mm
Achsstand im Drehgestell	3.000 mm
Gesamter Achsstand	12.900 mm
Dienstmasse	86,7 t
Maximale Radsatzlast	21,5 t
Höchstgeschwindigkeit	140 km/h
Leistung	4 x 1.600 kW
Motorbauart	Drehstrom-Asynchronmotor
Antriebsart	Tatzlager
Anfahrzugkraft	300 kN
Stromsystem	15 kV~/16,7 Hz
Indienststellung	1996 – 2001
Bestand (Herbst 2006)	170 Lokomotiven Railion Deutschland

Die Loks der Baureihe 155 waren die leistungsstärksten Maschinen der Deutschen Reichsbahn der DDR

Für den schweren Güter- und Personenverkehr sowie zur Ablösung der Vorkriegsbaureihe E94 beschaffte die Deutsche Reichsbahn der DDR die sechsachsige Baureihe 155.

Entwicklung Nachdem das Betriebsprogramm festgelegt war, das die Beförderung von 3.000-t-Zügen mit 95 km/h und 1.800-t-Zügen mit 110 km/h in der Ebene vorsah, konnten in mehreren Baulosen von 1974 bis 1984 insgesamt 273 Lokomotiven unter der damaligen Baureihenbezeichnung 250 in Dienst gestellt werden. Alle Loks stammen von LEW Hennigsdorf. Sie tragen heute die Betriebsnummern 155 001-1 bis 273-6.

Fahrzeugbau Der Hauptrahmen mit zwei durchgehenden, unter den Führerhäusern verstärkten Längsträgern, trägt die gesickten Maschinenraumseitenwände und die Endführerhäuser. Durch die Seitenwandtüren gelangt der Lokführer in den Maschinenraum und von dort in die Führerhäuser. Die drei Dachhauben über dem Maschinenraum sind abnehmbar. Die beiden dreiachsigen Drehgestelle bestehen aus geschweißten Rahmen mit kastenförmigen Längs- und Querträgern für die Fahrmotoraufhängung und die Drehzapfenlagerung. Die Schneeräumer sind höhenverstellbar, die Drehgestellrahmen für den Einbau der Mittelpufferkupplung vorbereitet. Jeder Radsatz wird durch einen Tatzlager-Hohlwellen-Antrieb mit Gummikegelfeder angetrieben. Schraubenfedern und Hydraulik-Stoßdämpfer federn die Radsätze im Drehgestell ab.

Die Lokomotiven der Baureihe 155 wurden überwiegend in Bordeauxrot abgeliefert, einige wenige in Oleanderrot. 2006 waren alle bis auf 155 093-8, 214-0 und 219-9 verkehrsrot. Die drei genannten Maschinen waren noch orientrot.

Elektrik Die Loks haben zwei Scherenstromabnehmer und einen fremdbelüfteten Haupttransformator mit Zwangsöl-

Hinter der 155 196-9 läuft die noch orientrote 155 068-0 abgebügelt in einem Güterzug mit

umlauf. Das Hochspannungsschaltwerk mit Stufenwähler und Thyristorsteller zur Regelung der Fahrmotorspannung hat 31 Anzapfungen. Es kommen sechs zwölfpolige Wechselstrom-Reihenschlussmotoren zum Einsatz.

Die Loks sind mit einer thyristorgeregelten elektrischen Widerstandsbremse ausgestattet und besitzen die üblichen Sicherheitseinrichtungen, wie Sifa, Indusi und Zugbahnfunk.

Einsatz Die Loks der Baureihe 155 sind von Seddin aus bundesweit im schweren Güterverkehr unterwegs. Sie ergänzen die Baureihen 151 und 152.

Inzwischen wurden bei vielen Maschinen die alten Scherenstromabnehmer durch Einholmstromabnehmer der Bauart DSA 200 ausgetauscht.

Die 155 001-1 gehört zwar noch der Railion Deutschland, ist aber von der Hauptuntersuchung zurückgestellt und soll in den Bestand des DB-Museums übergehen. Sie unterscheidet sich wie 155 002-9 und 155 003-7 als Vorserienlok durch das dritte Spitzenlicht über den Stirnfenstern von den Serienmaschinen.

TECHNISCHE DATEN	
Länge über Puffer	19.600 mm
Achsfolge	Co'Co'
Treibraddurchmesser	1.250 mm
Achsstand im Drehgestell	2.000 + 2.500 mm
Gesamter Achsstand	14.500 mm
Dienstmasse	123 t
Maximale Radsatzlast	20,5 t
Höchstgeschwindigkeit	125 km/h
Leistung	6 x 900 kW
Motorbauart	Reihenschlussmotor
Antriebsart	LEW-Kegelringfeder
Anfahrzugkraft	380 kN
Stromsystem	15 kV~/16,7 Hz
Indienststellung	1974*; 1977 – 1984
Bestand (Herbst 2006)	183 + 45 z Lokomotiven Railion Deutschland

* 155 001-1 – 155 003-7

Alle Loks der Baureihe 171 waren 2006 abgestellt und sollten ins Ausland verkauft werden

Außenseiter im Triebfahrzeugpark sind die Elektroloks der Baureihe 171, die wegen ihres Stromsystems ausschließlich auf der Rübelandbahn Blankenburg – Königshütte eingesetzt werden können.

Entwicklung Die DR entschloss sich zu Testzwecken, die im Harz gelegene Rübelandbahn mit ihren starken Steigungen und dem hohen Güteraufkommen mit 25 kV/50 Hz zu elektrifizieren. Bereits 1961/62 baute LEW zwei Lokomotiven, die auf der eigens dafür elektrifizierten Strecke zwischen Hennigsdorf und Wustermark getestet wurden. Hintergedanke war, die Loks später in die Balkanländer zu verkaufen, in denen dieses Stromsystem üblich war. Für den Inselbetrieb im Harz lieferte LEW im Jahr 1965 15 Loks der Baureihe 251, die heutigen 171 001-1 bis 171 015-1.

Fahrzeugbau Rahmen und Aufbau bilden eine Schweißkonstruktion, an deren stirnseitigen Querträgern die Zug- und Stoßvorrichtungen sowie die fest montierten Schneeräumer befestigt sind. Vier in Federtöpfen angeordnete Schraubenfedern stützen den Lokkasten auf den Drehgestellen ab. Die Radsätze werden durch Blattfedern und Gummieelemente abgefedert. Zwischen den Drehgestellen befindet sich eine Ausgleichskupplung mit seitlich vorgespannten Federn. Dadurch verbessern sich die Laufeigenschaften in engen Bögen.

Wegen der geringen Höchstgeschwindigkeit von 80 km/h kamen Tatzlagerantriebe zum Einbau. Die Antriebe wirken beidseitig über schrägverzahnte Zahnräder auf die Achsen. Nachdem die Maschinen ursprünglich grün lackiert waren, tragen die heute noch vorhandenen Loks einen orientroten oder verkehrsroten Anstrich.

Elektrik Die elektrische Ausrüstung besteht aus den beiden Scherenstrom-

Die Museumslokomotiven 171 001-1 und 002-9 sind wieder grün lackiert und haben ein rotes Fahrwerk

abnehmern, dem Dachtrennschalter, einem Druckluftschnellschalter, dem Durchführungsstromwandler und dem Haupttransformator, der als Öltransformator mit zwangsweisem Ölumlauf und Fremdbelüftung ausgeführt ist. Das Hochspannungsschaltwerk verfügt über 34 Dauerfahrstufen. Zwei Silizium-Gleichrichter speisen die sechs Wellenstrom-Reihenschlussmotoren. Bei allen Maschinen ist eine elektrische Widerstandsbremse eingebaut.

Einsatz Neun der einst fünfzehn Loks sind noch im Bestand von Railion Deutschland zu finden. Die Maschinen sind aber alle von einer Hauptuntersuchung zurückgestellt und sollen ins Ausland verkauft werden. Dafür wurden sie in Zwickau wettergeschützt untergestellt. Lediglich die beiden betriebsfähigen und wieder grün lackierten Museumslokomotiven 171 002-9 und 171 001-1 bleiben in Deutschland, letztere wird als technisches Denkmal des Landes Sachsen-Anhalt aufgestellt. Dazu kommt die als Dauerleihgabe an den Thüringer Eisenbahnverein überstellte rote 171 012-8.

TECHNISCHE DATEN	
Länge über Puffer	18.640 mm
Achsfolge	Co'Co'
Treibraddurchmesser	1.350 mm
Achsstand im Drehgestell	2.000 + 2.450 mm
Gesamter Achsstand	13.200 mm
Dienstmasse	126 t
Maximale Radsatzlast	21 t
Höchstgeschwindigkeit	60 km/h
Leistung	6 x 610 kW
Motorbauart	Mischstrommotor
Antriebsart	Tatzlager
Anfahrzugkraft	379 kN
Stromsystem	25 kV~/50 Hz
Indienststellung	1965
Bestand (Herbst 2006)	9 z Lokomotiven Railion Deutschland

Die Loks der DB Cargo bespannten 2006 u. a. EC-Züge zwischen Warschau und Berlin

Für den regen Verkehr zwischen der DDR und der Tschechoslowakei benötigten die beiden Bahngesellschaften DR und ČSD eine Zweisystemlokomotive für den grenzüberschreitenden Verkehr.

Entwicklung Der Verkehr auf der Linie Berlin – Dresden – Děčin ließ für die DR und die ČSD Ende der 1980er-Jahre eine Zweisystemlokomotive sinnvoll erscheinen. Damit ließ sich das Umspannen der Züge an der Grenze vermeiden, das bisher wegen der unterschiedlichen Stromsysteme notwendig gewesen war.

Lieferant der 1988 und 1991 gebauten Loks mit den Betriebsnummern 180 001-0 bis 020-0 war Škoda in Pilsen.

Fahrzeugbau Der geschweißte, eckige Lokkasten mit den charakteristischen Sicken an den Seitenwänden entspricht weitgehend der Škoda-Einheitskonstruktion, die seit Jahren für verschiedene Lokreihen des Herstellers verwendet wurde. Die Fenster- und Lüfteranordnung ist auf den beiden Lokseiten unterschiedlich. Zwei zweiachsige Drehgestelle mit Speichenrädern tragen über eine Pendelkonstruktion den Aufbau. Die Übertragung der Zug- und Bremskräfte erfolgt mittels tief angelenkter Drehzapfen.

Bei ihrer Ablieferung waren die Loks Bordeauxrot, später folgte Verkehrsrot.

Elektrik Zwei Halbscherenstromabnehmer der Bauart Škoda nehmen die Spannung an der Fahrleitung ab. Je nach Stromsystem wird der Hauptschalter für 3.000 Volt Gleichspannung oder der für 15 kV/16,7 Hz Wechselspannung zugeschaltet. Beim Wechselstrombetrieb wird die Spannung über einen Haupttransformator, zwei Brückengleichrichter und Glättungsdrosseln verarbeitet. Im Gleichstrombetrieb wird sie direkt aus der Fahrleitung den Gleichstromfahrmotoren zugeführt. Je zwei Motoren liegen in Reihenschaltung, sie werden über eine klassische Stufenschaltung angesteuert. Die Fahrsteuerung kann dabei wahlweise in Stufen oder kontinuierlich betätigt werden.

Die Baureihe 180 von Railion Deutschland entspricht der tschechischen Baureihe 372

Zur weiteren Ausrüstung gehören eine fahrleitungsunabhängige elektrische Widerstandsbremse, die punktförmige Zugbeeinflussung für deutsche Strecken und das ČSD-Zugsicherungssystem VZ. Die 180 001-0 wurde versuchsweise für 160 km/h umgerüstet, um die Eignung der Baureihe für diese Geschwindigkeit zu testen. Der Umbau weiterer Loks unterblieb bislang.

Einsatz Seit Erhöhung der Streckengeschwindigkeit zwischen Berlin und Dresden auf 160 km/h werden die Loks der Reihe 180 und ihre tschechische Schwesterbaureihe 372 überwiegend zwischen Dresden und Děčin eingesetzt. Der Lokwechsel wurde damit nach Dresden verlegt, wo die Loks beheimatet sind. Obwohl die Loks zu Railion gehören, ziehen sie auch EuroCity-Züge zwischen Berlin und Warschau.

Als erste ihrer Baureihe wurde 2003 die 180 001-0 von der Ausbesserung zurückgestellt und ausgemustert. Nach einem Unfall mit der baugleichen CD-Lok 372 006-7 im September 2003 in Deutschland wurde die 180 001-0 als Entschädigung in die CD gegeben und bekam die Nummer 371 201-5.

TECHNISCHE DATEN	
Länge über Puffer	16.800 mm
Achsfolge	Bo'Bo'
Treibraddurchmesser	1.250 mm
Achsstand im Drehgestell	3.200 mm
Gesamter Achsstand	11.500 mm
Dienstmasse	84,0 t
Maximale Radsatzlast	21,0 t
Höchstgeschwindigkeit	160*; 120 km/h
Leistung	4 x 815 kW
Motorbauart	Gleichstrommotor
Antriebsart	Gestellmotor mit Gelenkwelle
Anfahrzugkraft	280 kN
Stromsysteme	15 kV~/16,7 Hz; 3 kV=
Indienststellung	1988*; 1991
Bestand (Herbst 2006)	15 + 4 z Lokomotiven Railion Deutschland

* 180 001-0

Die blaue Museumslok 181 206-4 trug im Sommer 2006 die Embleme der Deutschen Bundesbahn

Für den Verkehr auf den Strecken nach Luxemburg und Frankreich benötigte die DB in den 1960er-Jahren Zweisystemlokomotiven, die neben dem deutschen System mit 15 kV~/16,7 Hz auch das 25 kV~/50 Hz-System verarbeiten können.

Entwicklung Zunächst wurden vier Zwei- und fünf Viersystemlokomotiven als Baureihen E 310 (ab 1966: 181) und E 410 (ab 1966: 184) beschafft. Die Erfahrungen mit diesen Maschinen führten Anfang der 1970er-Jahre zur Bestellung eine Serie von 25 Zweisystemlokomotiven. Der Bau der Viersystemloks wurde zunächst nicht weiter verfolgt.

Für die Entwicklung der Maschinen mit den Nummern 181 201-5 bis 225-4 zeichnete Krupp im mechanischen und AEG im elektrischen Teil verantwortlich. Die Auslieferung erfolgte 1974/75.

Fahrzeugbau Der Lokkasten mit zwei Längssicken und drei abnehmbaren Maschinenraumhauben wurde als Aluminium-Schweißkonstruktion hergestellt. Auffällig sind die Luftansaugöffnungen, die bis in die Dachrundung reichen und die drei ebenfalls in die Dachrundung übergehenden Maschinenraumfenster. Geräumige, ergonomisch gestaltete Führerstände kennzeichnen die moderne Konstruktion.

Der selbsttragende Brückenrahmen der Lok stützt sich über Flexicoil-Federn auf die beiden zweiachsigen Drehgestelle ab. Sie wurden gegenüber den Vorserienloks neu konstruiert und haben querelastisch geführte Radsätze. Die Verschleißpufferbohlen sind am Rahmen befestigt. Das Antriebskonzept ähnelt der Baureihe 103, es wird ein Siemens-Gummiring-Kardanantrieb verwendet.

Die 181^2 ist in Blau (181 201-5 und 206-4 als inoffizielle Museumslok), Ozeanblau/beige (181 211-8), Orientrot (181 203-1, 213-4, 218-3, 224-1) und Verkehrsrot bei der Deutschen Bahn in Betrieb. Sie ist somit die farblich abwechlungsreichste Ellok-Baureihe der Deutschen Bahn.

Die Loks der Baureihe 181 sollen in Kürze durch die Baureihe 189 abgelöst und ausgemustert werden

Elektrik Von den vier vorgesehenen Stromabnehmerplätzen sind die beiden inneren mit Einholm-Stromabnehmern der Bauart SBS 67 bestückt. Während ein Stromabnehmer ein Schleifstück nach DB-Norm besitzt, ist der zweite für Fahrleitungen der SNCF und CFL geeignet. Die Fahrmotoren werden über eine halbgesteuerte Gleichrichter-Brückenschaltung als Anschnittsteuerung geregelt. Durch die druckluftbetriebenen Schubumschalter erfolgt die Umschaltung zwischen den verschiedenen Stromsystemen.

Vier sechspolige, fremdbelüftete Mischstrom-Reihenschlussmotoren treiben die Lokomotiven an. Die Druckluftbremse ist mit einer elektrischen Widerstandsbremse kombiniert.

Die Maschinen verfügen über Zug-Sicherungseinrichtungen und Zugfunk für alle befahrenen Bahnsysteme.

Einsatz Die in Frankfurt (Main) stationierten Lokomotiven bestreiten einen Großteil des Personenverkehrs zwischen den Ländern Frankreich, Luxemburg und Deutschland. Sie sollen jedoch in der nächsten Zeit durch die Baureihen 185 und 189 abgelöst werden.

TECHNISCHE DATEN	
Achsfolge	Bo'Bo'
Länge über Puffer	17.940 mm
Treibraddurchmesser	1.250 mm
Achsstand im Drehgestell	3.000 mm
Gesamter Achsstand	12.000 mm
Dienstmasse	82,5 t
Maximale Radsatzlast	20,7 t
Höchstgeschwindigkeit	160 km/h
Leistung	4 x 825 kW
Motorbauart	Reihenschluss-Mischstrom
Antriebsart	Siemens-Gummiring-Kardan
Anfahrzugkraft	277 kN
Stromsysteme	15 kV~/16,7 Hz; 25 kV~/50 Hz
Indienststellung	1974 – 1975
Bestand (Herbst 2006)	20 + 3 z Lokomotiven DB Fernverkehr

Die Loks der Baureihe 182 sind die schnellsten Maschinen von Railion Deutschland

Weil die ÖBB der Baureihe 152 keine Zulassung für ihr Schienennetz erteilte, beschaffte die Deutsche Bahn 25 Lokomotiven der Baureihe 182.

Entwicklung Zum Ausgleich wurde zunächst die Bestellung der Baureihe 152 um 25 Lokomotiven gekürzt. Stattdessen wurde bei Siemens (elektrischer Teil) und Krauss-Maffei (mechanischer Teil) eine Serie von 25 Loks des Typs ES 64 U 2 mit Zweisystem-Ausstattung bestellt. Die Loks sind wegen dieser Ausrüstung unter den Nummern 182 001-8 bis 025-7 in den Bestand eingereiht.

Fahrzeugbau Der selbsttragende Lokkasten ist in Leichtbauweise gefertigt. Zusätzlich sind viele Teile aus Aluminium hergestellt. Die im Windkanal und am Computer entwickelten Führerhäuser sind als eigenständige Module auf das Untergestell aufgesetzt. Sie bestehen oberhalb der Fensterunterkante aus hochfesten glasfaserverstärkten Kunststoffteilen (GfK), darunter wurde Stahl verwendet. Die Drehgestelle sind aus denen der Baureihe 152 entwickelt, doch für die höhere Endgeschwindigkeit wurden verstärkte Scheibenbremsen und ein anderes Antriebssystem eingebaut. Hochleistungs-Stoßverzehrelemente an den Rahmenköpfen sollen bei Aufstößen bis 40 km/h Verformungen des Rahmens verhindern.

Elektrik Auf dem Dach befinden sich zwei Einholmstromabnehmer der Bauart SSS 87. Auf den dritten Stromabnehmer mit schmalem Schleifstück hatte man zunächst verzichtet. Der Einphasen-Transformator ist so aufgebaut, dass die beim Bremsen erzeugte Energie wieder in die Fahrleitung zurückge-

Die Loks entsprechen mit ihrer Zweisystem-Ausstattung der österreichischen Baureihe 1116 „Taurus“

speist werden kann. Angetrieben werden die Loks durch einen „Hochleistungsantrieb mit getrennter Bremswelle“ (HAB). Die Bremsscheiben sitzen nicht auf den Achsen der Radsätze sondern auf getrennten Bremswellen. Dadurch konnten die ungefederten Massen erheblich reduziert werden. Das computergesteuerte Automatisierungssystem SIBAS 32(r) ist mit einem 32-Bit-Rechner ausgestattet. Er überprüft über ein Bussystem die Komponenten der Lok, erkennt automatisch die anliegende Fahrspannung und wählt die benötigten elektrischen Bauteile. Die Loks haben eine Wendezugsteuerung.

Einsatz Alle Loks sind in Nürnberg beheimatet und kommen fast im gesamten Bundesgebiet zum Einsatz. Dabei werden als nördliche Wendepunkte Maschen und Hamburg erreicht. Inzwischen fahren sie auch nach Wien und zum Brenner.

TECHNISCHE DATEN	
Länge über Puffer	19.280 mm
Achsfolge	Bo'Bo'
Treibraddurchmesser	1.150 mm
Achsstand im Drehgestell	3.000 mm
Gesamter Achsstand	12.900 mm
Dienstmasse	85 t
Maximale Radsatzlast	22,5 t
Höchstgeschwindigkeit	230 km/h
Leistung	4 x 1.600 kW
Motorbauart	Drehstrom-Asynchronmotor
Antriebsart	Gummigelenk-Hohlwelle
Anfahrzugkraft	300 kN
Stromsysteme	15 kV~/16,7 Hz; 25 kV~/50 Hz*
Indienststellung	2001 – 2002
Bestand (Herbst 2006)	25 +1 ** Lokomotiven Railion Deutschland

* kann nachgerüstet werden, ** 182 542-1 angemietet

185 012-2 gehört zu den Lokomotiven mit nur zwei Stromabnehmern

Eine weitere Baureihe aus der TRAXX-Familie, zu der auch die Baureihen 145 und 146 gehören, ist die BR 185. Sie unterscheidet sich durch die Mehrsystemausstattung von den anderen Lokomotiven.

Entwicklung Wie bei den beiden anderen Baureihen zeichnet auch bei der 185 ADtranz für die Entwicklung und den Bau der Lokomotiven verantwortlich.

Fahrzeugbau Der Lokkasten in Stahlbauweise und das Fahrwerk mit den beiden Drehgestellen entsprechen den Baureihen 145/146. Bei den Probelokomotiven mussten allerdings die äußeren Dachhauben 105 mm niedriger angebracht werden, um Platz für zusätzliche Stromabnehmer zu schaffen. Entsprechend musste innen die Anordnung der Geräte angepasst werden. Zusätzliche Einrichtungen für das Gleichstromsystem erhöhten das Lokgewicht. Sämtliche Aggregate sind rechts und links eines Mittelgangs angeordnet.

Ab der 185 201-1 wurde ein crashoptimierter Lokkasten eingebaut, der bei Zusammenstößen einen größeren Schutz für den Lokführer bietet. Ein dreistufiges Crash-Konzept vereinfacht zudem den Austausch beschädigter Teile.

Der Gealif-Antrieb wurde bereits in den Loks der Baureihen 120[1] und 128 ausgiebig getestet. Durch die Verwendung der gleichen Drehstrom-Asynchronmotoren wie bei den Baureihen 145 und 146 lassen sich die zweiachsigen Drehgestelle aller drei Bauarten austauschen, wodurch sich erhebliche Einsparungen bei der Ersatzteilhaltung und der Wartung ergeben.

Elektrik Die Lokomotiven können mit der üblichen Wechselspannung mit 15 kV~/16,7 Hz und mit einer Wechselspannung von 25 kV~/50 Hz eingesetzt werden. Die ersten drei Vorauslokomotiven verfügen über je vier Stromabnehmer, zwei für jedes Stromsystem. Bei den Serienloks gibt es Fahrzeuge mit

Die Loks der Baureihe 185 entsprechen im mechanischen Teil den Baureihen 145 und 146

zwei oder vier Abnehmern. Sie sind mit unterschiedlich breiten Schleifstücken versehen.

Zusätzliche Zugsicherungsanlagen und eine ergänzende Bremssteuerung ermöglichen Einsätze im Ausland. So haben die Lokomotiven 185 020-5 bis 039-5 vier Stromabnehmer und das „Frankreich-Paket".

Die Lokomotiven 185 085-8 bis 149-2 können in der Schweiz eingesetzt werden. Zwei ihrer Stromabnehmer haben das 1.950 mm breite Schleifstück für die DB und zwei das 1.450 mm breite für die Schweiz. Die Sicherheitstechnik wurde um das Schweizer System Integra, ZUB 262 und Zugfunk VZF 90 erweitert. Videokameras übernehmen die Funktion der in der Schweiz vorgeschriebenen Außenspiegel, die bei der DB nicht zugelassen sind.

Einsatz Alle Loks sind in Mannheim zu Hause und im Güterverkehr in ganz Deutschland eingesetzt. Die 185 055-1 wurde nach einem Unfall als erste ihrer Baureihe von der Ausbesserung zurückgestellt. Mit ihrer variablen Ausstattung können die Loks außer in Deutschland und den obengenannten Ländern auch in Dänemark, Österreich, Luxemburg, Schweden, Norwegen und Ungarn eingesetzt werden.

TECHNISCHE DATEN	
Länge über Puffer	18.900 mm
Achsfolge	Bo'Bo'
Treibraddurchmesser	1.250 mm
Achsstand im Drehgestell	2.600 mm
Gesamter Achsstand	13.000 mm
Dienstmasse	84 t
Maximale Radsatzlast	21 t
Höchstgeschwindigkeit	140 km/h
Leistung	4 x 1.050 kW
Motorbauart	Drehstrom-Asynchronmotor
Antriebsart	Gealif-Hohlwellen
Anfahrzugkraft	300 kN
Stromsysteme	15 kV~/16,7 Hz; 25 kV~/50 Hz
Indienststellung	2000 – 2006
Bestand (Herbst 2006)	259 Lokomotiven Railion Deutschland

Mit der Baureihe 189 hat die DB nach der Baureihe 184 wieder eine Viersystem-Ellok für Wechsel- und Gleichspannungsbetrieb beschafft

Um im grenzüberschreitenden Verkehr noch effizienter arbeiten zu können als mit den vorhandenen Zweisystemlokomotiven, beschloss die DB 2002 die Beschaffung der Viersystemlokomotiven der Baureihe 189.

Entwicklung Die Lokomotiven basieren auf dem „EuroSprinter" (ehem. Baureihe 127) und sind für den schweren Güterzugdienst vorgesehen. Der mechanische Teil entsteht bei Krauss-Maffei in München, die elektrische Einrichtung liefert Siemens.

Fahrzeugbau Der Lokkasten entspricht weitgehend dem der Baureihe 152. Allerdings mussten die Seitenwände leichter ausgeführt werden, damit die zusätzlichen elektrischen Einrichtungen Platz fanden. Die gesickten Seitenwände geben der Kastenkonstruktion die nötige Stabilität. Die Düsenlüfter befinden sich in den Dachschrägen. Damit im Maschinenraum alle Gleich- und Wechselspannungsanlagen untergebracht werden können, sind der Hauptschalter, der Systemwahlschalter und der Überspannungsableiter auf dem Dach montiert. Sämtliche Anlagen sind rechts und links eines Mittelgangs eingebaut und gut zugänglich.

Auch die Drehgestelle wurden aus der Baureihe 152 weiterentwickelt. Sie wurden dahingehend verändert, dass weichere Federn eingebaut werden können und ein Einsatz in Österreich möglich ist. Die Radsätze haben Monobloc-Räder mit integrierten Bremsscheiben. Den Antrieb übernehmen Tatzlager-Motoren.

Erstmals wurden bei der Baureihe 189 Leuchtdiodengruppen in den Scheinwerfern verwendet. So kann durch Zu- oder Abschalten die Lichtstärke einfach verändert werden. Außerdem können problemlos weiße, rote oder grüne Leuchten integriert werden.

Elektrik Die Lokomotiven können mit zwei Gleich- und zwei Wechselspan-

Die Lokomotiven haben vier Stromabnehmer mit verschiedenen Schleifstücken, mit denen sie unter allen Oberleitungen fahren können

nungssystemen fahren. Der prinzipielle Aufbau entspricht dem der Baureihe 152, jedoch liefert hier ein Vierquadrantensteller die Speisespannung. Vier Pulswechselrichter versorgen die Fahrmotoren. Der Stromrichter wird mit Wasser gekühlt, der Transformator mit einem Estergemisch.

Die Maschinen sind mit vier Stromabnehmern mit unterschiedlichen Schleifstücken ausgestattet. Es können alle in Europa gängigen Zugsicherungssysteme eingebaut werden. Werkseitig werden die PZB 90, die LZB 80 und CIR-ELKE eingebaut.

Einsatz Alle 100 Lokomotiven sind in Nürnberg beheimatet und vor Güterzügen in ganz Deutschland anzutreffen. Die drei Probelokomotiven 189 001-1 bis 189 003-7 wurden von der DB wieder abgegeben, weil sie sich zu stark von den Serienloks unterschieden. Serienlokomotiven mit den gleichen Nummern in Zweitbesetzung ersetzten die Probeloks, die heute unter den Nummern ES 64 F4 003 bis 005 im Siemens Dispolokpool laufen.

TECHNISCHE DATEN	
Länge über Puffer	19.580 mm
Radsatzanordnung	Bo'Bo'
Achsstand im Drehgestell	2.900 mm
Gesamter Achsstand	12.800 mm
Treibraddurchmesser	1.250 mm
Dienstmasse	86 t
Maximale Radsatzlast	21,5 t
Höchstgeschwindigkeit	140 km/h*
Leistung	4 x 1.600 kW (15 kV~, 25 kV~) 4 x 1.500 kW (3 kV=); 4 x 1.050 kW (1,5 kV=)
Motorbauart	Drehstrom-Asynchronmotor
Antriebsart	Tatzlager
Anfahrzugkraft	300 kN
Stromsysteme	15 kV~/16,7 Hz; 25 kV~/50 Hz 1,5 kV=; 3 kV=
Indienststellung	2003 – 2005
Bestand (Herbst 2006)	100 Lokomotiven Railion Deutschland
* optional 230 km/h	

Die gelbe 203 308-6 gehört zur DB Bahnbau und wird zu Gleisbauarbeiten herangezogen

1999 bis 2001 gab die DB Cargo überzählige Lokomotiven der Baureihe 204 ab. Viele Loks wurden vom Werk Stendal (heute ALSTOM) übernommen, aufgearbeitet und als Baureihe 203 an unterschiedliche Eisenbahnverkehrsunternehmen vermietet oder verkauft.

Fahrzeugbau Die Lokomotiven haben ihren alten Aufbau mit geräumigem Mittelführerhaus und zwei schmalen, unterschiedlich langen Vorbauten behalten. Neu ist eine überarbeite Führerhauseinrichtung mit Funkfernsteuerung. Der geschweißte Rahmen und das Laufwerk mit seinen zweiachsigen Drehgestellen und den Schraubenfedern wurden unverändert von der Baureihe 204 übernommen. Die Drehgestelle setzen sich aus zwei Langträgern, einem mittleren Querträger und zwei Kopfträgern zusammen. Sie können Gleisbögen bis zu einem Radius von nur 80 m befahren.

Die Bremsklötze der Knorr-Druckluftbremse sind an beiden Seiten der Radsätze angeordnet. Die Maschinen erhielten teilweise neue Hochleistungspuffer und eine automatische Rangierkupplung. Bei einigen Loks wurden neben den schmalen Vorbauten seitliche Geländer montiert, so dass der Lokführer bei Funkfernsteuerung sicher mitfahren kann.

Die Loks sind unterschiedlich lackiert. Die von der DB Regio angemieteten Maschinen der Unterbaureihe 203^1 sind verkehrsrot. Die Bauzuglokomotiven haben einen auffälligen blau/gelben Anstrich.

Antrieb Während bei der Baureihe 203^5 der aus der Baureihe 204 bekannte Zwölf-Zylinder-Motor vom Typ 12 KVD AL 4 und AL 5 lediglich aufgearbeitet wurde, erhielt die Unterbaureihe 203^0 ein neues Aggregat in Form eines 1.305 kW starken Caterpillar-Motors.

Der Motor überträgt seine Kraft über eine Kupplung und eine Gelenkwelle auf das Strömungsgetriebe in der Mitte der Lokomotive unter dem Führerhaus. Von diesem Dreiwandler-Getriebe mit eingebautem Wende- und Stufengetrie-

Die Loks der Baureihe 203¹ verrichten Rangierdienste in Nürnberg und Regensburg

be für Schnell- und Langsamfahrt wird das Drehmoment über weitere Gelenkwellen auf die Achsgetriebe und weiter auf die Radsätze übertragen.

Als Hilfsbetriebe stehen eine Stromversorgungsanlage, eine Kühlanlage, eine Vorwärmanlage, eine Warmhalteanlage gegen Einfrieren, eine Luftfilteranlage und eine Abgasanlage zur Verfügung. Neben den Caterpillar-Motoren sind inzwischen auch Motoren von MTU in den Loks zu finden.

Einsatz 2006 waren mehrere Unterbaureihen im DB-Bestand zu finden. So wird 203 002-1 von der S-Bahn München zum Verschub von Triebwagen eingesetzt.

Zehn Loks der Unterbaureihe 203¹ versehen den Verschubdienst in Nürnberg und Regensburg.

Die Bauzugloks der Unterbaureihe 203³ sind in ganz Deutschland anzutreffen. Die anderen Loks der Baureihe 203 werden in unterschiedlichen Lackierungen von privaten Eisenbahnunternehmen eingesetzt.

TECHNISCHE DATEN	
Länge über Puffer	14.240 mm
Achsfolge	B'B'
Treibraddurchmesser	1.000 mm
Achsstand im Drehgestell	2.300 mm
Gesamtachsstand	9.300 mm
Dienstmasse	68 t
Maximale Radsatzlast	17 t
Höchstgeschwindigkeit	100 km/h
Leistung	1.305*; 1.380** kW
Motorbauart	12-Zylinder-V-Motor
Leistungsübertragung	hydraulisch
Antrieb	Gelenkwellen-Radsatzgetriebe
Anfahrzugkraft	206 kN
Indienststellung	2000
Bestand (Herbst 2006)	27 Lokomotiven DB Regio, DB Netz, DB Gleisbau
* CAT 3512 B DI-TA, ** MTU 12V4000 R 10	

Die Baureihe 204 stellt mit 1.100 kW die stärkste DR-Ausführung der Reichsbahn-V-100-Familie dar

Die Baureihe 204 von Railion Deutschland ist heute neben der Baureihe 203 die letzte „Staatsbahn"-Variante der V-100-Klasse der DR auf den Gleisen der Deutschen Bahn AG.

Entwicklung Die DR der DDR war seit längerem bemüht, die Leistung ihrer V 100 zu steigern. Deshalb wurden Mitte der 1970er-Jahre Loks mit 900 kW starken Motoren bestückt. Ihnen folgte die 110 203-7 mit 1.100 kW. Nachdem sich die Leistungserhöhung bewährt hatte, begann der Serienumbau.

Bei planmäßigen Untersuchungen im Raw Stendal wurden ab 1983 insgesamt 65 der von LEW in Hennigsdorf gebauten Lokomotiven der Baureihe V 100 (später 201) stärker motorisiert und zunächst als 114, heute als Reihe 204 bezeichnet.

Fahrzeugbau Auf dem geschweißten Hauptrahmen sitzt mittig das Führerhaus. Davor und dahinter sind die schmaleren Maschinenraumhauben. Sie wurden in Leichtbauweise gefertigt und erfüllen keine tragende Funktion. Unter dem Hauptrahmen hängt der Kraftstoffbehälter zwischen den beiden zweiachsigen Drehgestellen. Der Aufbau stützt sich an vier Punkten über Schraubenfedern auf den beiden Drehgestellen ab. Der Rahmen selbst besteht aus Lang- und Querträgern. Die Endquerträger sind als Pufferträger ausgebildet und mit Schraubenkupplungen und Hülsenpuffern bestückt.

Der Einbau einer automatischen Kupplung ist möglich. An den Enden sind Rangiertritte mit Haltegriffen montiert. Hydraulische Stoßdämpfer vermindern Bewegungen zwischen dem Lokkasten und dem Fahrwerk.

Antrieb Die Leistung des aufgeladenen Zwölf-Zylinder-Kurzhub-Viertakt-Dieselmotors (Typ 12 KVD AL 4 und AL 5 mit La-

Die noch bei Railion Deutschland verbliebenen Maschinen tragen alle einen verkehrsroten Anstrich

deluftkühlung) wurde auf 1.100 kW erhöht. Über eine Gelenkwelle ist der Motor mit dem Strömungsgetriebe verbunden. Von hier übertragen Gelenkwellen die Antriebskraft auf die Radsatzgetriebe der zweiten und dritten Achse. Diese wiederum treiben über eine weitere Gelenkwellenverbindung die erste bzw. vierte Achse an. Der Dieselmotor wird über einen elektrischen Stellmotor in sechs Fahrstufen geschaltet.

Alle Loks sind mit Einrichtungen für Wendezugbetrieb und Doppeltraktion ausgestattet. Außerdem verfügen sie über die üblichen Sicherheitseinrichtungen und Zugbahnfunk.

Einsatz Die Baureihe 204 ist ausschließlich im Werk Saalfeld beheimatet, wo die letzten sieben betriebsfähigen Exemplare zu untergeordneten Diensten und Sonderleistungen herangezogen werden. Alle Loks sind verkehrsrot.

TECHNISCHE DATEN	
Länge über Puffer	14.240 mm
Achsfolge	B'B'
Treibraddurchmesser	1.000 mm
Achsstand im Drehgestell	2.300 mm
Gesamter Achsstand	9.300 mm
Dienstmasse	64 t
Maximale Radsatzlast	16 t
Höchstgeschwindigkeit	100 km/h
Leistung	1.100 kW
Motorbauart	12-Zylinder-V-Motor
Leistungsübertragung	hydraulisch
Antrieb	Gelenkwellen-Radsatzgetriebe
Anfahrzugkraft	206 kN
Indienststellung	1978*; 1982 – 1991
Bestand (Herbst 2006)	7 +12 z Lokomotiven Railion Deutschland

* Probelok 114 203-3

Die Loks der Baureihe 212 sind inzwischen alle von der Ausbesserung zurückgestellt

Eine erhöhte Motorleistung zeichnet die Nachfolgebaureihe der 211, die Baureihe 212, aus. Ihre Beschaffung ermöglichte die Abstellung fast aller Dampf-Tenderloks der Länderbahn-Bauarten.

Entwicklung Von 1962 bis 1966 bauten MaK, Jung, KHD und Henschel insgesamt 380 als V 100^{20} bezeichnete Loks. Zehn davon wurden wegen ihrer Bremsausrüstung für Steilstrecken als Baureihe 213 unter den Nummern 213 332-0 bis 341-1 eingereiht. Die übrigen bekamen 1968 die Nummern 212 002-0 bis 381-8.

Die 213 wurden 1966 von MaK abgeliefert. Ihre hydrodynamische Bremse kann bei einem Gefälle von 50 Promille einen 120-Tonnen-Zug bei einer Beharrungsgeschwindigkeit von 40 km/h halten.

Fahrzeugbau Auf dem stabilen Lokrahmen sitzen die beiden schmalen Vorbauhauben und das Führerhaus, das die ganze Breite des Rahmens einnimmt. Wartungsklappen und seitliche Schiebetüren ermöglichen den Zugang zu den technischen Aggregaten.

Die beiden zweiachsigen Drehgestelle sind mit Schraubenfedern gegen den Lokrahmen abgefedert und über zwei Rohrstutzen mit diesem verbunden. Durch den Gelenkwellenantrieb konnte der Radstand bei dieser Baureihe kurz gehalten werden.

Zwischen den Drehgestellen, unter dem Führerhaus wurden das Getriebe und die Kraftstoffbehälter angeordnet.

Antrieb Der 16-Zylinder-Motor überträgt seine Leistung über eine elastische Kupplung und eine Gelenkwelle auf das hydraulische Getriebe. Das Stufengetriebe bietet einen Schnell- und einen Langsamgang. Für die Zugheizung sowie zur Vorwärmung des Kühlwassers ist eine Dampfheizanlage eingebaut.

Alle Maschinen sind mit einer Wendezugsteuerung, Sifa, Indusi sowie Zugbahnfunk ausgestattet. Äußerlich unterscheidet sich die 212 von ihren

Die SüdostBayernBahn (SOBB) hat noch zwei Loks der steilstreckentauglichen Baureihe 213 im Bestand

Vorgängerinnen durch das geänderte Lüftergitter an der Front.

Wegen des voluminöseren Getriebes fehlt der Platz für den Hilfsdieselmotor. Statt dessen wurde ein Ladegerät zum externen Laden der Batterie eingebaut.

Einsatz Von den beiden bei der DB-Regio-Tochter SüdostBayernBahn (SOBB) noch vorhandenen und in Mühldorf beheimaten Loks ist nur noch 213 333-8 einsatzfähig, 213 337-9 ist von der Untersuchung zurückgestellt.

Auch die Loks der Baureihe 212 sind alle von der Untersuchung zurückgestellt, so dass keine der sechs noch geführten Loks im Einsatz beobachtet werden kann.

213 332-0 und 213 336-1 stehen bei der DB Gleisbau weiterhin im Einsatz. Die blau/gelben Loks sind vor Bauzügen in ganz Deutschland anzutreffen.

Fünf Maschinen der Baureihe 212 gehören zum Museumsbestand der DB. Sie sind in der Obhut privater Museumsvereine. 212 001-2 und 212 062-4 sind im Eisenbahnmuseum Darmstadt-Kranichstein zu finden. 212 084-8 wird von der Dampfbahn-Kochertal in Crailsheim betreut und 212 264-6 steht in Oberhausen, 212 372-7 ist in Mainz zuhause.

TECHNISCHE DATEN	
Länge über Puffer	12.300 mm
Achsfolge	B'B'
Treibraddurchmesser	950 mm
Achsstand im Drehgestell	2.200 mm
Gesamter Radsatzstand	8.200 mm
Dienstmasse	65 t
Maximale Radsatzlast	16 t
Höchstgeschwindigkeit	100 km/h
Leistung	993 kW
Motorbauart	16-Zylinder-V-Motor
Leistungsübertragung	hydraulisch
Antrieb	Gelenkwellen-Radsatzgetriebe
Anfahrzugkraft	190 kN
Indienststellung	1962 – 1966
Bestand (Herbst 2006)	6 z*; 1 +1 z Lokomotiven DB Regio, SOBB, DB Gleisbau, DB Museum
* Baureihe 212	

Die als 215^9 bezeichneten Loks werden von DB AutoZug im Sylt-Verkehr eingesetzt

Aufbauend auf die Baureihe 216 wurde die Baureihe 215 zur Ablösung weiterer Dampflokomotiven beschafft. Nach dem Ausbau der Zugheizung werden die Loks von Railion Deutschland als Baureihe 225 eingereiht.

Entwicklung Zunächst war geplant, nur noch Loks mit elektrischer Heizung (Baureihe 218) zu beschaffen. Die Heizung war aber noch nicht serienreif, deshalb mussten noch einmal Loks mit Dampfheizung in Dienst gestellt werden.

1968 bis 1971 wurden 150 Lokomotiven der Baureihe 215 gebaut. An der Produktion dieser Loks waren Henschel, Krupp, Krauss-Maffei und MaK beteiligt.

Fahrzeugbau Der Untergestellrahmen und der Kastenaufbau bilden eine tragende Einheit. Die beiden geschweißten Stahl-Leichtbaukonstruktionen bestehen aus verschiedenen Blechen und Profilen. Der Kraftstoff wird in unterflur angeordneten Tanks zwischen den Drehgestellen mitgeführt.

Zur Schall- und Wärmeisolierung wurden in alle Querwände Dämmstoffe eingebaut.

Die zweiachsigen Drehgestelle übertragen mittels eines tiefliegenden Querträgers Zug- und Bremskräfte auf die Drehzapfen des Rahmens.

Antrieb Der 16-Zylinder-MTU-Dieselmotor vom Typ 16 V 652 TB mit einer Leistung von 1.400 kW überträgt seine Kraft über ein hydraulisches Getriebe von Voith (Typ L 820 brs) oder MTU (Typ K 252 SUBB) und zwei Drehmomentwandler auf die vier Achsen. Eine Schleuder- und Überdrehzahl-Schutzeinrichtung soll die Antriebsanlage vor Beschädigungen schützen.

Bei vielen Loks wurde die Motorbauart inzwischen durch eine stärkere Version mit 1.840 kW ersetzt und damit deren Höchstgeschwindigkeit von 130 km/h auf 140 km/h angehoben.

Für die Beheizung von Reisezügen konnte ein Dampfheizkessel der Bauart Vapor-Heating von Hagenuk in Be-

Ehemalige Loks der Baureihe 215 ohne Heizung werden als 225 bezeichnet

trieb genommen werden. Die Maschinen 215 030-8 bis 032-4 erhielten 1974 bei Krupp eine elektrische Heizung und nehmen somit eine Sonderstellung ein.

Ab der 215 005-0 wird die normale Bremse durch eine hydrodynamische Bremse ergänzt.

Alle Loks verfügen über eine elektronische Sicherheitsfahrschaltung und eine Vielfachsteuerung für Doppeltraktion und Wendezugbetrieb. Die meisten Loks sind verkehrsrot lackiert.

Einsatz Die Baureihe 225 wird von Railion Deutschland nur im Güterverkehr eingesetzt. Die in Gremberg beheimateten 225 023-1 bis 029-8 sind für den Einsatz in Belgien ertüchtigt.

Die verbliebenen Loks der Baureihe 215 wurden von der DB AutoZug übernommen, als 215^9 bezeichnet und zur Beförderung der Autozüge zwischen dem Festland und der Insel Sylt eingesetzt.

Zusätzlich zu den ehemaligen Maschinen der Baureihe 215 wurden einige Loks der Vorserien-Baureihe 218^0 umgebaut und als 225^8 eingereiht. Sie sind in Nürnberg zu Hause.

TECHNISCHE DATEN	
Länge über Puffer	16.400 mm
Achsfolge	B'B'
Treibraddurchmesser	1.000 mm
Achsstand im Drehgestell	2.800 mm
Gesamter Achsstand	11.400 mm
Dienstgewicht	80 t
Maximale Radsatzlast	20 t
Höchstgeschwindigkeit	140*; 130** km/h
Leistung	1.840*; 1.400** kW
Motorbauart	12*-; 16**-Zylinder-V-Motor
Leistungsübertragung	hydraulisch
Antrieb	Gelenkwellen-Radsatzgetriebe
Anfahrzugkraft	196 kN
Indienststellung	2001 – 2003
Bestand (Herbst 2006)	14***; 63 + 3 z Lomotiven
DB AutoZug (215^9), Railion Deutschland (225)	
* MAN V6V 23/23 TL, MTU MA 12 V 956 TB, MC 12 V 956 TB 10	
** MTU MB 16 V 652 TB; *** Baureihe 215^9	

Markant an der Baureihe 217 sind die kleinen Abgashutzen auf den Auslässen des Heizdiesels

Die Baureihe 217 – die mit elektrischer Heizung versehene Variante der Baureihe 215 – kennzeichnet den Übergang zur Baureihe 218. Deshalb wurden nur wenige Lokomotiven in Dienst gestellt.

Entwicklung In den 1960er-Jahren stellte die DB mehr und mehr Reisezugwagen mit elektrischer Heizung in Dienst, die von der Lok mit Strom versorgt werden müssen. Weil diese Leistung zur damaligen Zeit von den schwachen Traktionsmotoren der Dieselloks der Baureihe 216 nicht abgenommen werden konnte, entwickelte man eine Lokomotive mit einem Hilfsmotor für die Versorgung der Heizung.

1965 und 1966 verließen die drei Vorserienlokomotiven 217 001-7 bis 003-3 der als Reihe 217 bezeichneten Maschinen die Werkhallen von Henschel und Krupp. 1968 folgten die Serienloks 217 011-6 bis 022-3.

Fahrzeugbau Wie bei den übrigen Dieselloks der V-160-Familie sind Aufbau und Rahmen als selbsttragende Einheit ausgeführt und verschweißt. Der Kraftstoffbehälter ist unterflur zwischen den Drehgestellen aufgehängt. Um die Aggregate der Heizung unterbringen zu können, wurden die Loks gegenüber der Baureihe 216 um 400 mm verlängert. Für die Abfederung zwischen Lokkasten und Drehgestellen sorgen Schraubenfedern. Zwischen den Drehgestellrahmen sind Metall-Gummi-Federn (Megi) montiert.

Antrieb Den Antrieb übernimmt ein schnelllaufender Daimler-Benz-Motor vom Typ MB 839 Bb mit 1.397 kW. Für das Heizaggregat steht ein Zwölf-Zylinder-Dieselmotor vom Typ D 3650 HM von MAN mit einer Leistung von 368 kW zur Verfügung.

Beide Motoren sind über ein Wandler-Wandler-Getriebe vom Typ Voith L820wrs so geschaltet, dass der Hilfsdiesel zur Traktion mit herangezogen

217 001-7 und 002-5 werden von der DB Systemtechnik als 753-001-7 und 002-5 vorgehalten

werden kann. Das Drehmoment wird über Gelenkwellen auf die Zwischengetriebe der Radsätze übertragen. Die Loks verfügen sowohl über eine Mehrfachsteuerung für Doppeltraktion als auch über eine Wendezugsteuerung.

Die Baureihe 217 ist inzwischen überwiegend in Verkehrsrot anzutreffen, nur die 217 014-0 ist noch ozeanblau/beige.

Einsatz Die Loks sind alle in Mühldorf beheimatet und werden von dort aus im Norden Bayerns eingesetzt.

Zwei Loks wurden als Dienstlokomotiven in die Baureihe 753 umgezeichnet. Sie dienen als Bremslokomotiven bei Bremsversuchen mit neuen Lokbaureihen. Beim Umbau der Bremsloks im Jahr 1974 entfiel die Zugheizung. Stattdessen wurde eine Widerstandsanlage zur Überprüfung der Heizeinrichtung der Testlok eingebaut. Zusätzlich wurde ein Voith-Strömungsgetriebe mit hydrodynamischer Bremse installiert. Die beiden Dienstloks zeigen sich in der traditionellen, bordeauxrot/beigen TEE-Lackierung und werden in ganz Deutschland eingesetzt.

TECHNISCHE DATEN	
Länge über Puffer	16.400 mm
Achsfolge	B'B'
Treibraddurchmesser	1.000 mm
Achsstand im Drehgestell	2.800 mm
Gesamter Achsstand	11.400 mm
Dienstmasse	80,8 t
Maximale Achslast	20 t
Höchstgeschwindigkeit	130; 140* km/h
Leistung	1.397 + 367** kW
Motorbauart	16-Zylinder-V-Motor
Leistungsübertragung	hydraulisch
Antrieb	Gelenkwellen-Radsatzgetriebe
Anfahrzugkraft	200 kN
Indienststellung	1965 – 1968
Bestand (Herbst 2006)	13 + 2* Lokomotiven Railion Deutschland, DB Systemtechnik

* 753 001-7, 753 002-9, ** Hilfsmotor

Die 218^8 können als Abschleppkloks für den ICE mit einer Notkupplung ausgestattet werden

Mit den einmotorigen Lokomotiven der Baureihe 218 nahm die Entwicklung von Großdieselloks bei der DB ihr vorläufiges Ende.

Entwicklung Die erfolgreiche Konstruktion der V-160-Familie ist immer noch eine wichtige Stütze des Verkehrs auf nichtelektrifizierten Hauptbahnen. Krupp lieferte 1968 zwölf Prototypen mit den Nummern 218 001-6 bis 218 012-3. Die Hauptserie umfasste 398 Maschinen mit den Nummern 218 101-4 bis 398-6 und 400-0 bis 499-2. Sie wurden 1971 bis 1979 von Henschel, Krauss-Maffei, Krupp und MaK gebaut.

Unter der Nummer 218 399-4 wurde nach der Reparatur eines Unfallschadens die ehemalige 215 112-4 in den Bestand eingereiht. Schließlich wurden die ehemaligen Dieselloks mit Gasturbinen-Zusatzantrieb der Baureihe 210 an die Baureihe 218 angeglichen und als 218 901-7 bis 908-2 eingereiht.

Fahrzeugbau Der Kastenaufbau und der aus Stahlblechen geschweißte Untergestellrahmen bilden eine tragende Einheit. Über tiefliegende Querträger werden die Zug- und Bremskräfte von den beiden zweiachsigen Drehgestellen auf die Drehzapfen übertragen. Ab 218 299-6 wurden die Drehgestelle nicht mehr mit Schraubenfedern, sondern mit Flexicoil-Federn versehen. Die übrige Konstruktion entspricht der Ursprungsbaureihe 216.

Die Loks sind überwiegend verkehrsrot. 218 416-6 und 418-2 waren für den Touristik-Zug lackiert. 218 320-0 kann in Ozeanblau/Beige fotografiert werden. 218 156-8 und 157-6 sind orientrot.

Antrieb Die Baureihe 218 wird von verschiedenen Motortypen mit zwölf oder 16 Zylindern angetrieben. Anstelle eines Dampfheizkessels wird ein Generator für die elektrische Zugheizung vom Hauptdieselmotor gespeist. Alle Loks sind mit hydrodynamischer Brem-

218 288-9 steht in ihrem verkehrsroten Anstrich mit grauem Rahmen und grauem Lüfterband in Hof

se und einer Vielfachsteuerung für Doppeltraktion und Wendezugbetrieb ausgestattet. 218 401-8 bis 403-4 erhielten eine digitale Wendezugsteuerung.

Einsatz Der Einsatz der Baureihe 218 erfolgt auf nichtelektrifizierten Haupt- und Nebenstrecken Westdeutschlands. Schwerpunkte der auch weiterhin voll unterhaltenen Baureihe bilden Schleswig-Holstein, der Raum Braunschweig, die Pfalz, die Oberpfalz und der Bayerische Wald sowie das Allgäu. Alle noch vorhandenen Vorserienloks wurden von DB AutoZug übernommen und in die Baureihe 225^{8} umgebaut. Sie sind in Nürnberg und Ulm beheimatet.

2003 ließ Udo Lindenberg zum Tag der deutschen Einheit 2003 seinen „Sonderzug nach Pankow" gestalten. Die bunte Zuglok 218 212-9 gehört inzwischen zum DB Museum und trägt noch ihre „Sonderlackierung". 2003 übernahm DB Fernverkehr die ersten 218 von DB Regio und baute sie zu Abschlepploks für den ICE 3 um. Die Loks bekamen dazu u. a. eine Notkupplung und wurden der Unterbaureihe 218^{8} zugeordnet.

TECHNISCHE DATEN

Länge über Puffer	16.400 mm
Achsfolge	B'B'
Treibraddurchmesser	1.000 mm
Achsstand im Drehgestell	2.800 mm
Gesamter Achsstand	11.400 mm
Dienstmasse	78,7 t
Maximale Achslast	19,7 t
Höchstgeschwindigkeit	140 km/h
Leistung	1.840 oder 2.060 kW
Motorbauart	12- oder 16-Zylinder-V-Motor
Leistungsübertragung	hydraulisch
Antrieb	Gelenkwellen-Radsatzgetriebe
Anfahrzugkraft	200 kN
Indienststellung	1968 – 1981
Bestand (Herbst 2006)	265 + 66 z Lokomotiven DB Fernverkehr, DB Regio, DB AutoZug, DB Museum, SOBB, KHB, WFB

219 158-3 gehört zum Museumsbestand der DB und trägt wieder ihre alte Reichsbahnnummer

Um Dampfloks auf Nebenstrecken abzulösen, beschaffte die Deutsche Reichsbahn der DDR die Baureihe 119, die im aktuellen Nummernschema als Reihe 219/229 bezeichnet wird.

Entwicklung Die rumänische Lokfabrik „23. August" lieferte von 1977 bis 1985 200 Lokomotiven an die Reichsbahn. Die DB AG führte die Loks als 219 003-1 bis 200-3 im Bestand.

Fahrzeugbau Hauptrahmen und Aufbau bestehen aus einer geschweißten, Leichtbaukonstruktion. Die Rahmenkopfstücke sind für den Einbau einer automatischen Mittelpufferkupplung vorgesehen. Mehrere Dachsegmente sind zu Wartungszwecken abnehmbar, Maschinenraum und Führerstände schallisoliert. Der über die Führerstände herausragende Dachvorsprung entfällt ab der 219 117-9, das dritte Spitzenlicht ist deshalb tiefer angeordnet.

Die Rahmen der beiden dreiachsigen Drehgestelle sind komplett geschweißt. Während sich der Lokrahmen über Flexicoil-Federn auf den Drehgestellrahmen abstützt, liegen letztere über Schraubenfedern auf den Radsatzlagergehäusen auf. Achslenker mit Stoßdämpfern übernehmen die Führung der Radsätze. Die Zug- und Bremskräfte werden von den Drehgestellen über gummigelagerte Drehzapfen auf den Hauptrahmen übertragen.

Antrieb Ursprünglich war in die Baureihe 219 der Motor MB 820 SR eingebaut. Später wurden die Loks mit zwei Zwölf-Zylinder-Dieselmotoren 12 KVD 18/21 AL 4 bzw. AL 5 versehen. 219 158-3 erhielt einen neuen Caterpillar-Motor.

Das Drehmoment wird über Gelenkwellen, Strömungsgetriebe und Achsgetriebe auf alle drei Radsätze eines Drehgestells übertragen. Zwei Lichtmaschinen für die Energieversorgung der Lokomotive sind über das Strömungsgetriebe mit je einem Motor verbunden. Die ersten dreißig Loks wurden mit einer Wendezugsteuerung geliefert.

Die von der DB Netz eingesetzten 229 haben alle den gelben Anstrich mit blauen Zierelementen

Die DB ließ sie später in einer größeren Zahl von Lokomotiven durch eine modernere Wendezugsteuerung ersetzen.

Einsatz Inzwischen sind alle Loks der Baureihe 219/229 aus dem regulären Bestand der DB ausgeschieden. Die DB Netz setzt jedoch die inzwischen blau/gelb lackierten 229 100-3, 126-8, 147-4 und 181-3 vor ihren Bauzügen ein.

Die Mitteldeutsche Eisenbahn GmbH (MEG) übernahm 229 120-1 und 229 173-0 von der DB und befördert damit Güterzüge im Großraum Berlin.

Von den Loks der Ursprungsbauart 219 werden die orientrote 219 003-2 und 219 158-4 im Originalanstrich von der DB museal erhalten. Der Thüringer Eisenbahnverein (TEV) betreut die verkehrsroten 219 084-1 und 229 188-8 des DB-Museums als Dauerleihgaben.

TECHNISCHE DATEN	
Länge über Puffer	19.500 mm
Achsfolge	C'C'
Treibraddurchmesser	1.000 mm
Achsstand im Drehgestell	1.800 + 1.800 mm
Gesamter Achsstand	14.510 mm
Dienstmasse	101,5 t
Maximale Radsatzlast	17,5 t
Höchstgeschwindigkeit	140 km/h
Leistung	2 x 1.380 kW
Motorbauart	12-Zylinder-V-Motor
Leistungsübertragung	hydraulisch
Antrieb	Gelenkwellen-Radsatzgetriebe
Anfahrzugkraft	276 kN
Indienststellung	1992 – 1993
Bestand (Herbst 2006)	4 Lokomotiven DB Netz

Die Baureihe 232 war zahlenmäßig die umfangreichste Serie russischer Großdieselloks bei der DR der DDR

Ab 1973 beschaffte die Reichsbahn der DDR eine schwere dieselelektrische Lokomotive für den Reisezug- und Güterverkehr. Sie war zur Ablösung der Dampflok-Reihen 01, 03, 44 und 52 gedacht.

Entwicklung Alle Maschinen wurden von der Lokomotivfabrik „Oktoberrevolution" im russischen Woroschilowgrad zwischen 1973 und 1982 gebaut. Die Deutsche Reichsbahn erhielt 709 Einheiten. Seit der letzten Umzeichnung laufen sie als 232 002-6 bis 709-6.

Fahrzeugbau Der geschweißte Lokomotivrahmen mit Längs- und Querträgern nimmt zwischen den beiden dreiachsigen Drehgestellen die Kraftstoffbehälter und Batteriekästen auf. Sie sind in die tragende Rahmenkonstruktion eingebunden. Der mit dem Rahmen verschweißte Fahrzeugkasten besteht aus Blechen und Profilen mit seitlichen Verstärkungssicken. Drei der fünf Dachsektionen sind zum Ein- oder Ausbau von Aggregaten abnehmbar. Der Aufbau stützt sich mit vier Rückstelleinrichtungen je Drehgestell ab. Zwischen den Drehgestellrahmen und den Radsatzlagergehäusen arbeiten zwei Schraubenfedern mit Reibungsstoßdämpfern. Alle sechs Radsätze sind seitenverschiebbar und laufen in außenliegenden Rollenlagern. Die Loks der Baureihe 232 sind Verkehrsrot.

Antrieb Für den Antrieb steht bei der Baureihe 232 ein 16-Zylinder-Dieselmotor mit Direkteinspritzung und Wasserkühlung zur Verfügung. Die Kraftübertragung erfolgt über einen mit einem halbelastischen Getriebe direkt am Motor angeflanschten Traktionsgenerator, der den Gleichstrom für die Fahrmotoren erzeugt. Die sechs Gleichstrom-Tatzlagermotoren sind in Reihe geschaltet. Der Fahrschalter gestattet die Wahl zwischen Leerlauf und 15 Fahrstufen. Ein Heizgenerator und eine elektrische Widerstandsbremse gehören ebenso zur

Die Loks gehören zu Railion Deutschland und werden überwiegend vor Güterzügen eingesetzt

Serienausstattung der Baureihe wie eine zeitabhängige Sicherheitsfahrschaltung (Sifa).

Einsatz Die Baureihe 232 wird überwiegend vor Güterzügen in den neuen Bundesländern eingesetzt, ist aber auch im Ruhrgebiet anzutreffen, wo sie die Doppeltraktionen der Baureihe 216 ersetzten. Inzwischen haben viele 232 bei privaten Einstellern u. a. als Bauzuglokomotiven eine neue Heimat gefunden.

1999 und 2001 wurden 10 Loks in die Baureihe 241 umgebaut, deren Höchstgeschwindigkeit nur noch 100 km/h beträgt. Sie haben einen Motor vom Typ 2-5D49M des Herstellers Kolomna. Ihre Zugheizung wurde stillgelegt und eine elektropneumatische Bremse (ep-Bremse) eingebaut.

Für den grenzüberschreitenden Verkehr in die Niederlande wurden sie mit dem niederländischen Zugsicherungssystem ATB Fase 4 ausgerüstet. Loks, die ihre alte Ordnungsnummer behielten werden von Halle aus eingesetzt. Die 241^8 sind in Oberhausen beheimatet.

TECHNISCHE DATEN		
Länge über Puffer		20.820 mm
Radsatzanordnung		Co'Co'
Treibraddurchmesser		1.050 mm
Achsstand im Drehgestell		1.850 + 1.850 mm
Gesamter Achsstand		16.050 mm
Dienstmasse		123; 120* t
Maximale Radsatzlast		20,4 t
Höchstgeschwindigkeit		120; 100* km/h
Leistung	Dieselmotor	2.208; 2.940* kW
	Elektromotor	6 x 305; 6 x 425* kW
Motorbauart	Dieselmotor	16-Zylinder-V-Motor
	Elektromotor	Tatzlagermotor
Leistungsübertragung		elektrisch
Anfahrzugkraft		348; 450* kN
Indienststellung		1973 – 1982, 1999*, 2001*
Bestand (Herbst 2006)		191 + 145 z; 10* Loks Railion Deutschland

*Baureihe 241

Die Baureihe 233 hat einen neuen 12-Zylinder-Motor des russischen Herstellers Kolomna erhalten

Ende der 1990er-Jahre hatten viele Loks der Baureihe 232 das Ende ihrer Nutzungszeit erreicht und machten durch häufige Schäden und Ausfälle auf sich aufmerksam. Weil die DB aber noch nicht auf die Loks verzichten konnte, entschloss sie sich zur grundlegenden Aufarbeitung und reihte die umgebauten Loks als Baureihe 233 in ihren Fahrzeugpark ein.

Entwicklung Kernstück der Probleme war der Dieselmotor. Deshalb baute man im Vorfeld verschiedene Motortypen unterschiedlicher Hersteller in Loks der Baureihe 232 ein und führte umfangreiche Versuche durch, um Erfahrungen zu sammeln. Nach dem Ende der Langzeiterprobung ließ die DB zunächst 56 Maschinen serienmäßig mit neuen Dieselmotoren ausstatten. Später folgten weitere Loks.

Fahrzeugbau Laufwerk, Rahmen und Lokomotivkasten wurden weitgehend unverändert von den Ursprungslokomotiven übernommen. Beschädigungen und Schwachstellen wurden repariert und neue Düsenlüftergitter zur besseren Belüftung der Fahrmotoren eingebaut.

Die Führerräume wurden an neue Arbeitsplatzvorschriften angepasst und bekamen neben neuen Sonnenrollos an den Stirn- und Seitenfenstern auch neue Heizgeräte. Eine digitale Anzeige ermöglicht die Überwachung der Traktionsleistung. Wasser-, Kraftstoff- und Ölstand können an LED-Bandanzeigen an beiden Längsseiten am Lokrahmen abgelesen werden. Eine neue Spurkranzschmierung verringert die Abnutzung der Räder und Schienen in Gleisbögen.

Dank einer neuen Zugfunkantenne kann GSM-R nachgerüstet werden.

Antrieb Beim Dieselmotor wurde auf den Zwölf-Zylinder-Motor vom Typ 12 D-49 des russischen Herstellers Kolomna mit einer Nennleistung von 2.206 kW

Alle 233 sind in Dresden beheimatet und werden von dort aus in ganz Deutschland eingesetzt

zurückgegriffen. Mit dem verbauchs- und abgasoptimierten Motor konnten die Abgas- und Lärmemissionen erheblich vermindert werden.

Der Traktionsgleichrichter wurde aus Leistungshalbleitern komplett neu aufgebaut. Der Kühlkreislauf ist als Zweikreiskühlsystem mit zwei Ölwärmetauschern im Niedertemperatur-Kreislauf ausgeführt. Ein elektronisches Steuergerät regelt die Kühlerlüfter in Abhängigkeit von der Öl- und Kühlwassertemperatur.

Die Hilfsbetriebe erhielten neue Schütze und neue Ladespannungsregler. Alle Loks gehören zu Railion Deutschland und tragen einen verkehrsroten Anstrich.

Einsatz Im April 2002 absolvierte 233 709-5 umfangreiche Mess- und Probefahrten. Wenig später wurde die Baureihe 233 mit 233 127-0 offiziell der Öffentlichkeit präsentiert. Die weiteren Umbauten übernahm das Werk Cottbus im Rahmen von Hauptuntersuchungen. Seit Dezember 2003 stehen alle Loks im Betriebsdienst. Railion Deutschland setzt sie hauptsächlich im Güterzugdienst ein.

TECHNISCHE DATEN		
Länge über Puffer		20.820 mm
Radsatzanordnung		Co'Co'
Treibraddurchmesser		1.050 mm
Achsstand im Drehgestell		1.850 + 1.850 mm
Gesamter Radsatzstand		16.050 mm
Dienstmasse		120 t
Maximale Radsatzlast		20,0 t
Höchstgeschwindigkeit		120 km/h
Leistung	Dieselmotor	2.206 kW
	Elektromotor	6 x 305 kW
Motorbauart	Dieselmotor	12-Zylinder-V-Motor
	Elektromotor	Tatzlagermotor
Leistungsübertragung		elektrisch
Anfahrzugkraft		294 kN
Indienststellung		2002 – 2005
Bestand (Herbst 2006)		65 Lokomotiven Railion Deutschland

Mit 140 km/h sind die 234 die schnellsten Loks der V-300-Familie der ehemaligen DR

Einige Loks der Baureihe 232 wurden ab 1991 vor allem im Hinblick auf den beginnenden InterCity-Verkehr im Netz der DR für eine Geschwindigkeit von 140 km/h umgebaut und als Baureihe 234 eingereiht.

Entwicklung Für die neue Höchstgeschwindigkeit von 140 km/h musste die Antriebsübersetzung der Lokomotiven geändert und das Bremssystem angepasst werden.

Sechs Loks erhielten zu Testzwecken Motoren von Kolomna (234 440-6 und 657-5), Caterpillar (234 548-6 und 565-0) und Krupp (234 555-1 und 630-2). Bei den anderen Loks verzichtete man auf einen Motorentausch. Sämtliche Umbauarbeiten wurden zwischen 1991 und 1997 im Raw Cottbus durchgeführt. Als Einzelstück erhielt die inzwischen abgestellte 234 304-4 einen türkisfarbenen, zu den RegionalBahn-Wagen passenden Anstrich. Sie schied zwar aus dem Betriebsbestand aus, wird aber im Eisenbahnmuseum in Nossen museal erhalten. Alle anderen Lokomotiven tragen heute einen verkehrsroten Anstrich.

Fahrzeugbau Äußerlich blieben die Maschinen beim Umbau weitgehend unverändert. Neben dem Umbau der Achsgetriebe mussten auch die Bremsen an die neue Höchstgeschwindigkeit angepasst, mit neuen Bremssohlen und zusätzlichen Bremsarmaturen ausgestattet werden. Einige Loks wurden zusätzlich mit der zeitmultiplexen Wendezugsteuerung (ZWS) und Doppeltraktionssteuerung (ZDS) ausgestattet, um im Nahverkehr mit Wendezügen eingesetzt werden zu können. Sie sind mit Sifa, Indusi und Zugbahnfunk MESA 2002 ausgestattet.

Antrieb Der Acht-Zylinder-Reihenmotor von Caterpillar hat eine Nennleistung von 2.450 kW bei 1.000 1/min. Wegen der Abmessungen des Motors mussten sämtliche Hilfsbetriebe mit neuen Anschlüssen ausgestattet werden. Loks mit diesen Motoren dürfen nur mit Sondergenehmigung verkehren, weil

Alle noch bei DB Regio verbliebenen Loks der Baureihe 234 sind in Halle zu Hause

sie 3 t zu schwer sind. Der Zwölf-Zylinder-Motor von Krupp entspricht dem der Baureihe 240 (DE 1024) und leistet 2.460 kW bei 1.000 1/min. Hier musste sogar der Lokrahmen an die neuen, größeren Abmessungen angepasst werden.

Auch der Kolomna-Motor verfügt über zwölf Zylinder, leistet 2.450 kW und entstand aus dem schon vorhandenen Motor der DR-Baureihe 142 (242). Dieser Motor ließ sich am problemlosesten in die Loks einbauen, weil er für die Baureihe konstruiert worden war.

Einsatz Im Herbst 2006 waren nur noch zwölf Lokomotiven im Bestand, von denen allerdings drei von der Untersuchung zurückgestellt waren. Sie gehören zur DB Regio und werden von Halle aus koordiniert.

Einige 234 wurden an Railion Deutschland abgegeben. Ihre ZWS wurde gegen eine Doppeltraktions-Steuerung getauscht. Die Maschinen, die alle in Oberhausen zu finden sind, wurden als Baureihe 232[9] eingenummert.

Loks der Baureihe 234 sind in einigen größeren Bahnhöfen wie z. B. Stuttgart als Reservemaschinen hinterstellt und werden beim Ausfall der regulären Lokomotiven oder Züge vor Ersatzzüge gespannt.

TECHNISCHE DATEN		
Länge über Puffer		20.820 mm
Achsfolge		Co'Co'
Treibraddurchmesser		1.050 mm
Achsstand im Drehgestell		1.850 + 1.850 mm
Gesamter Achsstand		16.050 mm
Dienstmasse		122 t
Maximale Radsatzlast		20,5 t
Höchstgeschwindigkeit		140 km/h
Leistung	Dieselmotor	2.200 kW
	Elektromotor	6 x 305 kW
Motorbauart	Dieselmotor	16-Zylinder-V-Motor
	Elektromotor	Tatzlagermotor
Leistungsübertragung		elektrisch
Anfahrzugkraft		348 kN
Indienststellung		1991 – 1996
Bestand (Herbst 2006)		9 + 3 z Lokomotiven DB Regio

Bei den remotorisierten Loks wurde die Ordnungnummer um 500 erhöht (294 749-7 ex. 294 249-8)

Neben der heutigen Baureihe 360 wurde für den schweren Rangierdienst eine stärkere Diesellok benötigt. Als Weiterentwicklung der 212 entstand dafür die Baureihe 290.

Entwicklung Um Personalkosten im Rangierdienst einzusparen, begann die DB in den 1980er-Jahren, verschiedene Baureihen mit Funkfernsteuerung zu versehen. Von 1995 bis 2003 baute das Werk Bremen 302 Lokomotiven um. Die daraus entstandene Baureihe 294 unterscheidet sich äußerlich durch die fernbedienbare Kupplung und die Kontrolllampen an den Führerständen von der 290.

Die Fernsteuerung ermöglicht es dem Triebfahrzeugführer, die Lokomotive von einem Steuergerät aus zu bedienen. Neben den Fahrbefehlen können auch die Kupplungsvorgänge automatisch ausgeführt werden. Der Bediener muss dabei nicht in unmittelbarer Nähe der Lokomotive sein.

Fahrzeugbau Auf dem geschweißten, selbsttragenden Lokrahmen sind zwei eingezogene Vorbauten und das Mittel-Führerhaus montiert. Der Aufbau stützt sich über Gummischubfedern und Schraubenfedern auf den zweiachsigen Drehgestellen ab. Die besonders starken Pufferbohlen wurden als Verschleißbohlen ausgeführt. Zur Erhöhung der Zugkraft wurden 6 t Ballastgewicht eingebaut.

Der Dieselmotor ist durch Schiebetüren im langen Vorbau zugänglich.

Die Rangierbühnen an den beiden Lokenden sind über Trittstufen zu erreichen und mit Geländern gesichert.

Mit Ausnahme der in Gremberg beheimateten Museumslok 290 371-4, die wieder ihren ursprünglichen, bordeauxroten Anstrich trägt, sind alle hier vorgestellten Maschinen verkehrsrot.

Antrieb Der Zwölf-Zylinder-Dieselmotor treibt über ein hydraulisches Getriebe und Gelenkwellen die vier Radsatzgetriebe an. Er entspricht weitgehend dem Motor der Baureihe 212. Allerdings wurde die Leistung gesenkt, um eine längere Lebensdauer zu erzielen. Das Voith-Getriebe verfügt über einen Streckengang (Höchstgeschwindigkeit 80 km/h) und einen Rangiergang (Höchstgeschwindigkeit 40 km/h).

Die 294 lassen sich ferngesteuert bedienen. So kann der Lokführer das Kuppeln besser überwachen

Die Kühlanlage hat im langen Vorbau neben dem Motor Platz gefunden. Im kurzen Vorbau sind der Luftpresser und die Luftbehälter der Bremsanlage untergebracht. Außerdem befinden sich hier die Batterie, die Lichtmaschine und der Schaltschrank für die elektrischen Einrichtungen. Ab dem Jahr 2000 wurden einige 290er aufgearbeitet und neu motorisiert. Ihre Ordnungsnummer erhöhte sich um 500.

Einsatz Die Lokomotiven der Baureihen 290 und 294 werden zusammen mit ihren Schwesterbaureihen 291 und 295 im schweren Verschub und vor Nahgüterzügen eingesetzt. Die Heimatwerke der von Railion Deutschland verwalteten Lokomotiven verteilen sich über das gesamte Bundesgebiet.

Ab 2000 bekamen zehn Loks eine Mehrfachfunkfernsteuerung und wurden in 294 951-9 bis 960-0 umgezeichnet. Sie waren im Herbst 2006 in Saarbrücken beheimatet.

Um die Loks noch wirtschaftlicher einsetzen zu können, ließ Railion Deutschland Lokomotiven der Baureihe 290 im Werk Cottbus mit jeweils zwei Funkeinrichtungen ausstatten. Sie können sowohl über die mobile Funkfernsteuerung als auch über die Stellwerksrechner neuerer Rangierbahnhöfe ferngesteuert werden. Sie sind als Baureihe 296 in den Bestandslisten der DB zu finden.

TECHNISCHE DATEN	
Länge über Puffer	14.320 mm
Achsfolge	B'B'
Treibraddurchmesser	1.100 mm
Achsstand im Drehgestell	2.500 mm
Gesamter Achsstand	9.500 mm
Dienstmasse	78,8 t
Maximale Radsatzlast	19,7 t
Höchstgeschwindigkeit	80 km/h
Leistung	809*; 1.000 kW
Motorbauart	12-*; 8-Zylinder-V-Motor
Leistungsübertragung	hydraulisch
Antrieb	Gelenkwellen-Radsatzgetriebe
Anfahrzugkraft	231,5 kN
Indienststellung	1965 – 1972*; 1995 – 1997, 2004 – 2006**
Bestand (Herbst 2006)	77*; 317; 14** Loks Railion Deutschland

* Baureihe 290, ** Baureihe 296

Die Baureihen 291 und 295 unterscheiden sich nur durch den mittelschnelllaufenden Dieselmotor und ein etwas höheres Gewicht von den Baureihen 290 und 294

An die Lieferung der Baureihe 290 schloss sich die Beschaffung von 100 Loks der Baureihe 291 an, deren Motoren für die neue Baureihe überarbeitet wurden.

Entwicklung Der von der Maschinenbau Kiel GmbH (MaK) entwickelte, mittelschnelllaufende Motor diente ursprünglich als Schiffsantrieb. Nun sollte er seine Eignung im Rangierbetrieb mit häufigen Lastwechseln bei niedrigen Geschwindigkeiten unter Beweis stellen. Der etwas größere, um 3,6 t schwerere Motor konnte problemlos eingebaut werden. Zum Ausgleich ließ man die Ballastgewichte weg, die in der 290 das nötige Reibungsgewicht liefern.

Die 100 Serienloks wurden in den Jahren 1974 bis 1977 an die DB geliefert. Der Serienproduktion ging die Beschaffung dreier Versuchslokomotiven mit den Betriebsnummern 291 901-7 bis 903-3 im Jahr 1966 voraus. Nicht nur die Baureihe 290 wurde von der DB zum Einbau einer Funkfernsteuerung bestimmt, auch die verwandte Baureihe 291 wurde in dieses Programm einbezogen. Daraus entstand die Baureihe 295.

Fahrzeugbau Der Aufbau der Lokomotive entspricht mit dem Mittelführerhaus und den beiden unterschiedlich langen, schmalen Vorbauten dem der Baureihe 290. Wartungsklappen an den vorderen und hinteren Vorbauten ermöglichen den Zugang zu den Aggregaten und zum Fahrmotor. Im Fußboden des schallgedämmten Führerhauses befinden sich die Wartungsklappen für das darunter angeordnete Getriebe.

Die zweiachsigen Drehgestelle bestehen aus einer geschweißten Blechkonstruktion mit Lang- und Querträgern. Sie sind mit Schrauben- und Gummischubfedern ausgestattet. Die meisten

Die drei Vorserienmaschinen wurden als 291^{9} in den Bestand der DB eingereiht

Loks sind mit einer automatischen Rangierkupplung bestückt. An den Lokenden sind Rangiererbühnen mit Geländern und Auftritten vorhanden.

Antrieb Technisch entspricht die Baureihe 291 mit Ausnahme des mittelschnelllaufenden MaK-8-Zylinder-Motors vom Typ 8 M 282 AKB der Baureihe 290. Allerdings musste das Getriebe an den neuen Motor angepasst werden. Es erhielt die Bezeichnung L206rsb. Eine größere Anzahl von Maschinen wurde bereits mit Funkfernsteuerung ausgerüstet und in die neue Baureihe 295 umgezeichnet. Krauss-Maffei und Theimec haben die „KM direkt Steuerung“ entwickelt, die in allen Maschinen der BR 294 und 295 verwendet wird.

Einsatz Die Baureihen 291 und 295 sind im Norden Deutschlands ausschließlich zu Hause und werden überwiegend in den Seehäfen sowie im großen Rangierbahnhof von Maschen im schweren Verschubdienst eingesetzt. Südlichster Einsatzort der Baureihe 295 ist Bebra. Die drei Prototypen der Baureihe 291^{9} sind in Emden zu finden.

TECHNISCHE DATEN	
Länge über Puffer	14.320 mm
Achsfolge	B'B'
Treibraddurchmesser	1.100 mm
Achsstand im Drehgestell	2.500 mm
Gesamter Achsstand	9.500 mm
Dienstmasse	78,8*; 80 t
Maximale Radsatzlast	20 t
Höchstgeschwindigkeit	90 km/h
Leistung	809*; 1.000 kW
Motorbauart	8-Zylinder-V-Motor
Leistungsübertragung	hydraulisch
Antrieb	Gelenkwellen-Radsatzgetriebe
Anfahrzugkraft	235*; 240 kN
Indienststellung	1974 – 1978*; 1995 – 1997
Bestand (Herbst 2006)	13*; 90 Lokomotiven Railion Deutschland

* Baureihe 291

Neben Rangierdiensten übernehmen die Diesellokomotiven auch Güterzugleistungen

Die Deutsche Reichsbahn der DDR beschaffte ab 1981 aus der Baureihe 201 abgeleitete Rangierloks, die zuletzt als Reihe 293 verkehrten. Zusammen mit originalen 201 wurden die meisten von ihnen ab 1988 zu 298 umgebaut.

Entwicklung Die Baureihe 298 setzt sich aus 35 Loks der ehemaligen Reihe 293 und 47 Maschinen der ehemaligen Baureihe 201 zusammen. Letztere behielten ihre alte Ordnungsnummer, während die ehemaligen 293 zur Unterbauart 298³ wurden.

Fahrzeugbau Eine Schweißkonstruktion aus je zwei Quer- und Langträgern bildet den Rahmen. Darauf befinden sich sämtliche Aggregate. Sie sind von oben durch schmale Hauben abgedeckt. In der Mitte ist der erhöhte Führerstand angeordnet. An den Lokenden befinden sich Rangierbühnen mit Auftritten und Geländern. Die Pufferbohlen entsprechen den Vorgaben der UIC und können mit einer automatischen Mittelpufferkupplung bestückt werden. Der Rahmen stützt sich an vier Punkten über Schraubenfedern auf die beiden durch Drehzapfen geführten Drehgestelle ab. Die Schweißkonstruktion der Drehgestelle besteht aus kastenförmigen Lang- und Mittelquerträgern.

Um dem Personal die Arbeit zu erleichtern, sind in den Führerhäusern seitliche Führerpulte montiert. Aus Platzgründen mussten dafür die herkömmlichen Bremsventile aufgegeben werden. Die indirekt wirkende Bremse der Bauart K-GP wird nun elektrisch angesteuert.

Seit 1997 sind alle Loks der Baureihe 298 mit einer Funkfernsteuerung ausgerüstet. Im Gegensatz zur Ursprungsbauart hat die 298 keine Dampfheizung. Stattdessen ist eine Vorwärm- und Warmhalteeinrichtung mit Frostschutz vorhanden. Weil auf das Ballastgewicht verzichtet wurde, können die Loks auch auf Strecken mit einer maximal zulässi-

Ursprünglich waren die Loks der Baureihe 298 orange lackiert, heute sind sie alle verkehrsrot

gen Radsatzlast von nur 15 t eingesetzt werden. Ursprünglich orange, wurden die 298 anläßlich ihres Umbaus in das verkehrsrote Farbschema gebracht.

Antrieb Der Dieselmotor der Bauart 12 KVD 21 A-3 überträgt das von ihm erzeugte Drehmoment auf ein Dreiwandler-Strömungsgetriebe. Um die Zugkraft zu erhöhen, wurde die Übersetzung gegenüber der Ursprungsbauart geändert, so dass nur noch eine Höchstgeschwindigkeit von 60 km/h bis 65 km/h erreicht werden kann.

Die Regelung des Fahrmotors erfolgt über eine Auf-Ab-Steuerung. Das Strömungsgetriebe dient zugleich als hydrodynamische Bremse.

2005 begann die DB, die Loks mit neuen Motoren auszustatten, um sie für zukünftige Einsätze zu ertüchtigen. Wegen Geldmangels wurde dies aber nur bei vier Lokomotiven durchgeführt.

Einsatz Die zu Railion Deutschland gehörenden Lokomotiven werden ausschließlich im schweren Rangier- und Übergabedienst im Osten Deutschlands eingesetzt. Im März 1994 wurden 298 130-6 und 298 135-5 an die Stahlwerk Thüringen GmbH verkauft.

TECHNISCHE DATEN	
Länge über Puffer	13.940; 14.240* mm
Achsfolge	B'B'
Treibraddurchmesser	1.000 mm
Achsstand im Drehgestell	2.300 mm
Gesamter Radsatzstand	9.300 mm
Dienstmasse	64; 62* t
Maximale Radsatzlast	16; 15,5* t
Höchstgeschwindigkeit	60; 65* km/h
Leistung	736 kW
Motorbauart	12-Zylinder-V-Motor
Leistungsübertragung	hydraulisch
Antrieb	Gelenkwellen-Radsatzgetriebe
Anfahrzugkraft	220 kN
Indienststellung	ab 1988
Bestand (Herbst 2006)	61 + 15 z Lokomotiven Railion Deutschland

* ab 298 301-3

Im Kasten an der hinteren Stirnwand der 335 152-5 sind die Einrichtungen der Fernsteuerung untergebracht

Mitte der 1950er-Jahre bestand bei der DB Bedarf an einfachen Rangierlokomotiven, deren Leistung zwischen den kleinen Maschinen der Baureihen 321 bis 324 (Köf I) und der 260/261 lag.

Entwicklung 1959 lieferte die Lokfabrik Gmeiner unter der Bezeichnung Köf 10 001 bis 10 003 und Köf 11 001 bis 11 005 die ersten acht Maschinen des hier vorgestellten Typs. Beide Bauarten hatten einen Kettenantrieb. Sie unterschieden sich durch die Motorbauart und die Höchstgeschwindigkeit (Köf 10: 30 km/h, Köf 11: 45 km/h) voneinander.

Nachdem die Versuchsergebnisse ausgewertet waren, entschied man sich für die 45 km/h schnelle Variante und stellte mehr als 310 der ab 1968 als Baureihe 332 bezeichneten Maschinen in Dienst.

1967 wurde die Konstruktion verbessert und der Kettenantrieb durch einen Gelenkwellenantrieb ersetzt. Von dieser nun als Baureihe 333 bezeichneten Variante übernahm die DB bis 1978 nochmals ca. 250 Maschinen.

Fahrzeugbau Der kastenförmige Rahmen trägt einen langen schmalen Aufbau unter dem der Dieselmotor und alle weiteren Aggregate wie Kühler, Luftverdichter und Hilfseinrichtungen zu finden sind. Klappen an den Seiten und auf dem Dach des Vorbaus ermöglichen die Wartung der Aggregate.

Das stählerne Führerhaus ist am Lokende angeordnet und erstreckt sich über die gesamte Breite. Damit hat das Personal einen guten Blick entlang des Vorbaus auf die Strecke. Der schall- und wärmesiolierte Innenraum kann durch zwei seitliche Drehtüren betreten werden. Die Bedienung des mittig an der vorderen Stirnwand angeordneten Fahrpults ist von beiden Seiten möglich. Zunächst hatten die Loks nur einfache Hakenkupplungen, später wurden automatische Rangierkupplungen nachgerüstet.

Wie die meisten Rangierlokbaureihen haben auch die 335 eine automatische Rangierkupplung

Antrieb Zunächst wurden Acht-Zylinder-Dieselmotoren mit einer Leistung von 177 kW eingebaut. Später wurden Sechs-Zylinder-Maschinen mit der gleichen Leistung verwendet.

Die Motoren geben ihr Drehmoment an eine hydraulische Wandler-Kupplung ab. Bei den Baureihen 331 und 332 wird das Drehmoment über ein Kegelradwendegetriebe an eine Antriebswelle mit Kettenrädern weitergeleitet.

Bei den Loks der Baureihe 333 ist das Wendegetriebe über Gelenkwellen mit den Radsatzgetrieben verbunden.

Neben der selbsttätigen Knorr-Druckluftbremse ist eine Handspindelbremse vorhanden.

Einsatz 332 258-3 ist als einzige Vertreterin ihrer Baureihe bei der System-Technik München zu finden.

Der Bestand der Baureihe 333 beläuft sich auf 14 Lokomotiven in verschiedenen Werken, wovon allerdings drei von der Untersuchung zurückgestellt sind. Dabei handelt es sich um ehemalige Funkfernsteuerloks der Baureihe 335, aus denen die Fernsteuerung wieder ausgebaut wurde. Ihre Ordnungsnummern wurden dabei um 500 erhöht.

TECHNISCHE DATEN	
Länge über Puffer	7.830 mm
Achsfolge	B
Treibraddurchmesser	950 mm
Gesamter Achsstand	2.800 mm
Dienstmasse	24 t
Maximale Radsatzlast	12 t
Höchstgeschwindigkeit	45 km/h
Leistung	177 kW
Motorbauart	6- oder 8-Zylinder Reihenmotor
Leistungsübertragung	hydraulisch
Anfahrzugkraft	75 kN
Antrieb	Gelenkwellen-Radsatzgetriebe
Indienststellung	1967 – 1978
Bestand (Herbst 2006)	1*, 11 + 3 z**;52 + 6 z Loks Railion Deutschland

* Baureihe 332, ** Baureihe 333

Die Lokomotiven der Baureihe 347 können auf russischen Breitspurgleisen eingesetzt werden

1960 begann die die DR mit der Beschaffung der Baureihe V 60[10]. Heute sind nur noch wenige Exemplare in der normalspurigen Ausführung als Baureihe 345 und der breitspurigen Variante als Baureihe 347 im regulären Einsatz.

Entwicklung LKM Babelsberg und LEW Hennigsdorf lieferten bis 1982 mehr als 1.100 Loks der Baureihe V 60. Nachdem die Reihe 106 (heute 346) belegt war, wurden die übrigen Loks als 105 001-2 bis 165-5 (heute 345 001-2 bis 165-5) bezeichnet.

Fahrzeugbau Der geschweißte Blech-Innenrahmen ist mit einer angeschweißten Deckplatte versehen. Wegen der Beanspruchung im Rangierdienst wurde die Längsversteifung besonders kräftig ausgeführt. Während unter dem längeren Aufbau der Dieselmotor, das Verteilergetriebe, die Lichtanlassmaschine und der Lüftergenerator untergebracht sind, beherbergt der kürzere Aufbau Kraftstoffbehälter, Druckluftbehälter und Batterien. Zwischen dem zweiten und dritten Radsatz liegt die Blindwelle. Zur Verbesserung des Bogenlaufs sind die beiden benachbarten Radsätze jeweils in einem Beugniot-Gestell zusammengefasst. Die Seitenverschiebbarkeit der Radsätze beträgt beidseits 25 mm.

Antrieb Der Zwölf-Zylinder-Dieselmotor überträgt seine Antriebsleistung über eine drehelastische Kupplung an das Verteilergetriebe und von dort weiter zum dreistufigen Strömungsgetriebe. Daran ist ein Nachschaltgetriebe mit einem Rangier- und einem Streckengang, der Wendeschaltung und der Zahnradübertragung zur Blindwelle angeflanscht.

Einsatz Die Lokomotiven der Baureihe 345 werden nur noch von DB AutoZug zum Verschub von Reisezugwagen in den Werken eingesetzt.

1986 eröffnete die Deutsche Reichsbahn der DDR den Eisenbahnfährhafen Mukran auf der Insel Rügen. Von hier aus wurde die Fährverbindung nach Klaipeda (Litauen) in der ehemaligen

DIe DB AutoZug setzt noch Loks der Baureihe 345 zum Verschub von Reisezugwagen in ihren Werken ein

Sowjetunion aufgenommen. Auf diese Weise schuf man eine durchgehende Schienenverbindung für den Güteraustausch zwischen der ehemaligen Sowjetunion und der DDR, der zu einem großen Teil über die Schiene lief.

Weil die Spurweite in der Sowjetunion 1.524 mm beträgt, sollten auch Güterwagen mit Radsätzen in dieser Spurweite auf die Schiffe verladen werden können. In Mukran wurde deshalb eine Umspuranlage gebaut, damit die Züge auf dem 1.435 mm breiten Streckennetz der DDR weiterfahren konnten. Den Verschub der breitspurigen Wagen zwischen Schiff und Umspuranlage übernahmen die eigens dafür umgebauten Diesellokomotiven der Baureihe 347. Zusätzlich zu den breiteren Radsätzen bekamen die Loks automatische Mittelpufferkupplungen sowjetischer Bauart, damit sie die Wagen ohne Zwischenfahrzeuge bewegen konnten. Inzwischen ist der Warenumschlag in Mukran soweit zurückgegangen, dass von den ursprünglich 14 Lokomotiven nur noch drei in Betrieb und weitere drei z-gestellt sind.

TECHNISCHE DATEN	
Länge über Puffer	10.880 mm
Spurweite	1.524* mm
Achsfolge	D
Treibraddurchmesser	1.100 mm
Achsstand	1.500 + 2.600 + 1.500 mm
Gesamter Achsstand	5.600 mm
Dienstgewicht	60 t
maximale Radsatzlast	15 t
Höchstgeschwindigkeit	60 km/h
Leistung	478 kW
Motorbauart	12-Zylinder-V-Motor
Leistungsübertragung	hydraulisch
Antrieb	Blindwelle, Kuppelstange
Anfahrzugkraft	198 kN
Indienststellung	1975 – 1982; 1985 – 1986*
Bestand (Herbst 2006)	3; 3 + 3 z* Loks
	DB AutoZug, Railion Deutschland

* Baureihe 347

Die aus der Baureihe 360 abgeleitete Baureihe 364 kann über eine Funkfernsteuerung bedient werden

Die Rangierdiesellokomotiven der Baureihen 360 bis 365 gehören zur mittleren Leistungsklasse. Sie ersetzten ab Mitte der 1950er-Jahre eine Vielzahl älterer kleinerer Länderbahn-Dampflokomotiven.

Entwicklung 1953 entstand unter Federführung des BZA München die „Arbeitsgemeinschaft für die Entwicklung der V-60-Diesellokomotive der Deutschen Bundesbahn“. Zunächst wurden vier Prototyp-Loks gebaut (V 60 001 bis 004), die ausgiebigen Untersuchungen unterzogen wurden. Die V 60 001 und 003 wurden dem Betriebswerk Hamburg-Harburg zugeteilt, die V 60 002 und 004 kamen nach Nürnberg Hbf.

Wegen des dringenden Bedarfs begann schon 1956 die Serienfertigung. Bis 1963 lieferten die Maschinenfabrik Esslingen, Gmeinder, Henschel, Jung, KHD, Krauss-Maffei, Krupp und MaK insgesamt 942 Loks der Baureihe V 60.

Von dieser Baureihe gibt es zwei Ausführungen. Die leichteren Loks mit einem Dienstgewicht von 48 t, die ab 1966 der Baureihe 260 zugeordnet wurden und die schwereren Maschinen mit einem Gewicht von 50 t, die ab 1966 die Baureihe 261 bildeten.

Fahrzeugbau Der kastenförmige Lokrahmen mit den durchgehenden Rahmenwangen ist vollständig geschweißt und bei der 361/363/365 stärker ausgeführt, um das höhere Dienstgewicht zu erreichen. Der Dieselmotor wurde elastisch an einem Tragrahmen aufgehängt, der wiederum über Befestigungspunkte am Lokrahmen fixiert ist.

Das Führerhaus und die beiden eingezogenen Vorbauten sind als stabile Stahlkonstruktionen ausgeführt. Klappen ermöglichen den Zugang zu den Aggregaten. An beiden Fahrzeugenden befinden sich Rangierplattformen mit tief herabreichenden Trittstufen.

Der Führertisch im schallgedämmten Führerhaus kann von beiden Seiten bedient werden. Klappen im Fußboden ermöglichen den Zugang zum darunterliegenden Getriebe, den Gelenkwellen und zum Wärmetauscher.

Nach ihrer Remotorisierung werden die ehemaligen 364 als Baureihe 362 in den Bestandslisten geführt

Die rollengelagerten Radsätze haben Speichenräder mit Gegengewichten. Sie laufen in Radsatzlagerführungen aus Manganhartstahl. Zwischen dem zweiten und dritten Radsatz liegt die Blindwelle. Der um ± 30 mm verschiebbare mittlere Radsatz ermöglicht eine gute Kurvengängigkeit auch bei kleinen Radien. Die selbsttätige Druckluftbremse der Bauart Knorr arbeitet mit einem Einfachsteuerventil.

Antrieb Die Lokomotiven der Reihe 360 ff werden von einem Zwölf-Zylinder-Dieselmotor angetrieben. Die meisten Loks haben ein Aggregat aus dem Hause Maybach, einige sind mit einem Mercedes-Motor ausgestattet.

Die Motorleistung wird über eine drehelastische Kupplung und eine Gelenkwelle auf das Voith-Hydraulikgetriebe übertragen. Von dort gelangt sie über ein Nachschaltgetriebe auf die Blindwelle, die über eine Kuppelstange mit allen Radsätzen verbunden ist. Es besteht die Wahlmöglichkeit zwischen einem Schnell- und einem Langsamgang. Die Motorvorwärmung erfolgt durch einen Ölofen bzw. eine elektrische Vorheizung.

Nahezu alle Loks der vier Baureihen sind verkehrsrot lackiert. Zahlreiche Ma-

TECHNISCHE DATEN (362, 364)	
Länge über Puffer	10.450 mm
Achsfolge	C
Treibraddurchmesser	1.000 mm
Achsstand	2.650 + 1.750 mm
Gesamter Achsstand	4.400 mm
Dienstmasse	48 – 50 t
Maximale Radsatzlast	16,7 t
Höchstgeschwindigkeit	60 km/h
Leistung	478 kW
Motorbauart	12-Zylinder-V-Motor
Leistungsübertragung	hydraulisch
Antrieb	Blindwelle, Kuppelstange
Anfahrzugkraft	117,6 kN
Indienststellung	1991 – 1996; 2000 – 2004*
Bestand (Herbst 2006)	112;* 21 + 12 Loks Railion Deutschland, RAB (364)
* Baureihe 362	

schinen tragen den Schriftzug „DB Cargo“, andere sind ohne diese Kennung anzutreffen. Auch der neue Schriftzug „Railion DB Logistics“ ist auf den Seitenwänden einiger Loks zu finden.

Die von der RAB reaktivierten Loks 364 533-0 und 364 858-1 bekamen wieder ihren Originalanstrich in Bordeauxrot. In dieser Farbgebung sind auch mehrere an Museumseisenbahnen verkaufte Loks bei Sonderfahrten unterwegs.

Das ozeanblau/beige Farbkleid der 1970er- und 1980er-Jahre ist an den Loks 364 930-8 und 365 143-7 zu finden.

Die Cottbuser „Gewährleistungslok“ 363 159-9 hat wie eine typische Dampflok ein rotes Fahrwerk und schwarze Aufbauten. Sie wird Dienststellen zur Verfügung gestellt, deren eigene Lok bei der Revision nicht rechtzeitig fertiggestellt werden konnte.

Einsatz Die Loks wurden zunächst als vollwertige Diesellokomotiven geführt und der Nummerngruppe 200 ff zugeordnet. Das hatte aber zur Folge, dass sie nur von Lokführern bedient werden durften. Um sie effizienter einsetzen zu können, wurden sie ab 1. Oktober 1987 den Kleinlokomotiven (Nummerngruppe 300 ff) zugewiesen. Dadurch durften sie auch von „Kleinlokomotivbedienern“ gefahren werden.

Gleichzeitig ließ die DB mehr als 500 Loks mit Funkfernsteuerungen ausrüsten. Diese Loks wechselten die Baureihenbezeichnung: aus 360 wurde die Baureihe 364 und aus 361 wurde 365.

Werden die Lokomotiven ferngesteuert, tragen die Lokführer den Schaltkasten als „Bauchladen“ mit sich herum.

Zusätzlich zur Fernsteuerung wurde eine automatische Rangierkupplung montiert, so dass auch das An- und Abkuppeln der Lok ferngesteuert werden kann. Die mit Funkfernsteuerung ausgestatteten Loks sind an den Kontrollleuchten neben den Türen zu erkennen. Einige Loks sind zudem für Vielfachtraktion eingerichtet, die heute jedoch nicht mehr benutzt wird.

Die 363 201-5 trägt hier noch die alte Aufschrift von DB Cargo

Die Baureihe 365 unterscheidet sich nur durch ihre höhere Reibungsmasse von der leichteren Baureihe 364

1998 begann die zunächst für 60 Maschinen vorgesehene Remotorisierung mit Caterpillar-Aggregaten. Die umgebauten Loks erhielten die Baureihenbezeichnung 362 (ex 364) und 363 (ex 365). Gleichzeitig wurde mit zwei unterschiedlichen Konstruktionen ein erneuter Versuch unternommen, die in die Jahre gekommenen Fahrzeuge der Baureihe 360 ff zu ersetzen. Dennoch werden in den nächsten Jahren sicher noch etliche Exemplare im Dienst der Railion Deutschland stehen.

Heute sind Maschinen der Baureihen 362 bis 364 in beinahe jedem westdeutschen Betriebshof zu finden. Auch mehrere ostdeutsche Bahnhöfe verfügen inzwischen über funkferngesteuerte Lokomotiven.

Neben Rangieraufgaben gehören auch Übergabe- und Bauzugdienste zu den Arbeiten der Lokomotiven. Die Wartung der über 300 noch vorhandenen Lokomotiven hat das Werk Chemnitz vom Werk Kassel übernommen.

TECHNISCHE DATEN (363, 365)	
Länge über Puffer	10.450 mm
Achsfolge	C
Treibraddurchmesser	1.000 mm
Achsstand	2.650 + 1.750 mm
Gesamter Achsstand	4.400 mm
Dienstmasse	54 t
Maximale Radsatzlast	18 t
Höchstgeschwindigkeit	60 km/h
Leistung	478 kW
Motorbauart	12-Zylinder-V-Motor
Leistungsübertragung	hydraulisch
Antrieb	Blindwelle, Kuppelstange
Anfahrzugkraft	132,3 kN
Indienststellung	1986 – 1996; 1998 – 2004
Bestand (Herbst 2006)	203 + 4 z*; 2 +28 z Loks Railion Deutschland, RAB (364)

* Baureihe 363

399 Dreiachsige Schmalspurlokomotive (1.000 mm)

Weil für die Inselbahn Wangerooge eine Druckluftbremse gefordert wurde, beschaffte die DB zwei neue Lokomotiven der Baureihe 399

Die beiden älteren der auf der Insel Wangerooge eingesetzten 1000-mm-Schmalspurlokomotiven lösten die Loks 399 101-5 bis 104-9 ab, weil diese keine Druckluftbremse haben.

Entwicklung Die nur 20 km/h schnellen 399 105-6 und 106-4 wurden 1990 bei der Lokfabrik Bukarest für die Mansfeld Transport GmbH gebaut und 1992 von der DB übernommen.

Fahrzeugbau Die Loks haben geschweißte Rahmen, Endführerstände mit seitlichen Drehtüren und einen Vorbau mit Lüftungsschlitzen und Wartungsklappen. Es sind Mittelpuffer mit außenliegenden Kupplungshaken und -ketten angebracht.

Die Radsätze mit Vollscheibenrädern sind in einem Innenrahmen gelagert und werden über Stangen angetrieben.

Antrieb Der in Lizenz gebaute MAN-Sechszylinder-Dieselmotor überträgt sein Moment über ein Hydraulikgetriebe und Gelenkwellen auf das Achsgetriebe der vorderen Achse. Die Loks haben eine Druckluftbremse.

TECHNISCHE DATEN	
Länge über Puffer	5.400 mm
Achsfolge	C
Treibraddurchmesser	700 mm
Dienstmasse	16,5 t
Höchstgeschwindigkeit	20 km/h
Leistung	132 kW
Motorbauart	6-Zylinder-Motor
Leistungsübertragung	hydraulisch
Antrieb	Gelenkwelle, Kuppelstange
Anfahrzugkraft	50 kN
Indienststellung	1993 – 1994
Bestand (Herbst 2006)	2 DB AutoZug

Die Loks werden über Gelenkwellen angetrieben und sind wegen des Seeklimas aus Nirosta-Stahl gefertigt

Probleme mit den beiden rumänischen Loks 399 105-6 und 106-4 veranlassten die DB zur Beschaffung zweier weiterer Schmalspurloks für Wangerooge.

Entwicklung Bestellt wurden die Lokomotiven bei der Diepholzer Lokfabrik Schöma. Sie lieferte die als 399 107-2 und 108-0 bezeichneten Maschinen 1999 an die DB. Heute gehören sie wie die beiden anderen Loks dem „Schiffsdienst und Inselbahn Wangerooge" (SIW)

Fahrzeugbau Auch diese Loks weisen einen Aufbau mit Endführerhaus und Vorbau auf. Der Vorbau ist schmaler als das Führerhaus und hat beidseitig Laufstege, die den bequemen Zugang zum Motor ermöglichen. Die Loks sind wegen der rauhen Seeluft aus nichtrostendem Stahl hergestellt.

Antrieb Die zweiachsigen Maschinen werden nicht über Kuppelstangen, sondern über Gelenkwellen und Achsgetriebe angetrieben. Der von KHD gebaute Dieselmotor leistet 166 kW. Damit erreicht die Lok eine Spitzengeschwindigkeit von 25 km/h.

Beide Loks sind für den Umbau auf Funkfernsteuerung vorgesehen und waren 2006 auf Wangerooge beheimatet.

TECHNISCHE DATEN	
Länge über Puffer	6.597 mm
Achsfolge	B
Treibraddurchmesser	700 mm
Achsstand	2.500 mm
Dienstmasse	16 t
Höchstgeschwindigkeit	25 km/h
Leistung	166 kW
Motorbauart	6-Zylinder-Motor
Leistungsübertragung	hydraulisch
Antrieb	Gelenkwelle
Anfahrzugkraft	49,1 kN
Indienststellung	1999
Bestand (Herbst 2006)	2
	DB AutoZug

Die ICE 1 legten 1991 als erste Fahrzeuge den Grundstein zur großen ICE-Flotte der DB

In den 1990er-Jahren war der ICE 1 das „Paradepferd" der Bahn. Der stromlinienförmige Zug bringt es auf Tempo 280 km/h und verschaffte der DB einen enormen Image- und Fahrgastgewinn.

Entwicklung Im Februar 1989 bestellte die DB die ersten Serienzüge des ICE, nachdem der Prototyp schon vier Jahre im Einsatz war. Von 1989 bis 1996 lieferten die Hersteller 122 Triebköpfe und 723 Mittelwagen, aus denen 60 Garnituren gebildet werden können.
Hersteller des mechanischen Teils waren Krauss-Maffei, Henschel, Krupp, DUEWAG, LHB, MAN, MBB und die Waggon Union, während AEG, BBC und Siemens die elektrische Ausrüstung lieferten. Eingereiht wurden die Triebköpfe als 401 001-3/501-2 bis 401 020-3/520-2 und 401 051-8/551-7 bis 401 090-6/590-5. Die Mittelwagen erhielten die Baureihennummern 801 (1. Klasse-Wagen), 802 (2. Klasse-Wagen), 803 (Service-Wagen) und 804 (Speisewagen).
Fahrzeugbau Der ICE 1 besteht aus zwei Triebköpfen und bis zu zwölf Mittelwagen. Die aerodynamisch optimierten Triebköpfe sind in Stahlleichtbauweise ausgeführt, die Mittelwagen aus geschweißten Aluminium-Großstrang-Pressprofilen aufgebaut. Auf die Schall- und Wärmeisolierung wurde besonderer Wert gelegt. Zwischen den Wagen befinden sich teilautomatische Kupplungen und Doppelwellenbalg-Übergänge. Alle Mittelwagen haben stahlgefederte Drehgestelle mit Monobloc-Radsätzen. Schraubenfedern mit Vertikal- und Querdämpfern sorgen für hohe Laufstabilität – auch bei den Drehgestellen der Triebköpfe. Diese werden mit Zug-/ Druckstangen am Wagenkasten angelenkt.
Innenraum Die Innenausstattung der Sitzwagen besteht jeweils aus einem Großraum und mehreren geschlossenen Abteilen. Der Servicewagen bietet einen kleineren Fahrgastraum, das Abteil für den Zugchef, ein Konferenzabteil, Telefonzellen und ein behindertengerechtes WC. Im Speisewagen trennt die Küche den Speise- vom Bistrobereich. Der Wagen fällt von außen durch das höhere Dach mit den zusätzlichen Fenstern auf.

Seit 2005 werden die Innenräume der Mittelwagen an das Design der ICE-3-Wagen angepasst

Elektrik Jeder Triebkopf hat einen Hochleistungs-Einholmstromabnehmer. Für Fahrten in die Schweiz bekamen einige Triebköpfe einen zweiten Stromabnehmer mit schmalem Schleifstück.

Jeder der vier Drehstrom-Asynchronmotoren eines Triebkopfs erbringt 1.200 kW Dauerleistung. In den ersten 20 Zügen sind Thyristoren mit Ölkühlung eingebaut, in den übrigen GTO-Thyristoren mit FCKW-freier Siedebadkühlung. Drei Bremssysteme ergänzen einander: generatorische Bremsen mit Energierückspeisung, elektropneumatisch gesteuerte Scheibenbremsen und Magnetschienenbremsen.

Zum Erkennen von Defekten sind die Züge mit dem Eigendiagnosesystem „DAVID" ausgestattet, das Lösungsmöglichkeiten anzeigt und Informationen zu den Problemen automatisch an die Werkstatt weiterleitet.

Einsatz Die Züge sind in Hamburg-Eidelstedt beheimatet und werden in ganz Deutschland eingesetzt. Seit 2005 durchlaufen sie ein Redesign-Programm, in dem die Züge auf den neuesten technischen Stand gebracht und die Innenräume der Mittelwagen an das Design des ICE 3 angepasst werden.

TECHNISCHE DATEN	
Länge über Kupplung	
Zug (14-teilig)	357.920 mm
Triebkopf	20.560 mm
Mittelwagen	26.400 mm
Achsfolge	Bo'Bo' + 2'2' + ... + 2'2' + Bo'Bo'
Treibraddurchmesser	1.030 mm
Laufraddurchmesser (Mittelwagen)	920 mm
Achsstand im Drehgestell (Triebkopf)	3.000 mm
Achsstand im Drehgestell (Mittelwg.)	2.500 mm
Gesamter Achsstand (Triebkopf)	14.460 mm
Dienstmasse Triebkopf	80,4; 77,5*t
Maximale Radsatzlast (Triebkopf)	20,1 t
Höchstgeschwindigkeit	280 km/h
Leistung	2 x 4 x 1.200 kW
Motorbauart	Drehstrom-Asynchronmotor
Antriebsart	Kardanhohlwelle
Anfahrzugkraft	2 x 200 kN
Stromsystem	15 kV~/16,7 Hz
Indienststellung	1991 – 1993
Bestand (Herbst 2006)	118 Triebköpfe DB Fernverkehr

* 401 051-8/551-7 bis 090-6/590-5 mit GTO-Thyristoren

Die ICE-2-Züge fahren mit nur einem Triebkopf, am anderen Ende läuft ein antriebsloser Steuerwagen mit

Der ICE 2 ist die kürzere Version des ICE 1. Er nur einen Triebkopf und am anderen Zugende einen Steuerwagen. Diese „Halbzüge" können miteinander zu einem „Vollzug" gekuppelt werden.

Entwicklung Für den Ausbau ihres Hochgeschwindigkeitsnetzes benötigte die DB Züge, die sich flexibler an das Fahrgastaufkommen anpassen lassen. Deshalb bestellte sie bei Siemens 44 achtteilige Züge. Die Montage der 46 Triebköpfe erfolgte im ehemaligen Krupp-Werk in Essen, die 264 Mittelwagen wurden bei der AEG Nürnberg sowie bei DUEWAG, LHB und DWA gebaut. Die Steuerwagen entstanden bei ADtranz in Nürnberg.

Für die Baureihen wurden folgende Nummern vergeben: 402 für die Triebköpfe, 805 für die Mittelwagen der ersten Klasse, 806 für die Mittelwagen der zweiten Klasse, 807 für die Speisewagen und 808 für die Steuerwagen. Im Regelfall setzt sich ein achtteiliger Zug aus einem Triebkopf, einem Steuerwagen, einem Speisewagen und fünf Sitzwagen zusammen.

Fahrzeugbau Der Triebkopf entspricht weitgehend der Baureihe 401. Auf der Frontseite musste allerdings eine zweiteilige Bugklappe angebracht werden, hinter der sich die automatische Kupplung der Bauart Scharfenberg verbirgt. Damit können zwei „Halbzüge" zu einer Einheit verbunden werden.

Innenraum Die Mittelwagen entsprechen optisch weitgehend der ersten Generation. Allerdings wurden in das Fensterband digitale Fahrgastinformationen integriert. Die durchgehenden Großräume wurden mit leichteren Sitzen ausgestattet, um Gewicht zu sparen. Kopfhöreranschlüsse, Lautstärkeregler und Programmwähler sowie die Verstellmöglichkeit der Rückenlehnen sorgen wie im ICE 1 für Komfort. Auf Anregung der Fahrgäste wurden die in den ICE 1 montierten Schwenktische unter den Armlehnen durch einfach zu bedienende Klapptische an den Lehnen der Vordersitze ersetzt.

Der Bistrobereich des Speisewagens wurde kleiner, weil der Wagen zusätzlich das Serviceabteil aufnehmen muss.

Die Stirnpartie des Steuerwagens mit Führerraum wurde analog zum

Hinter der Bugklappe ist eine automatische Scharfenberg-Kupplung verborgen, mit der zwei „Halbzüge" zu einem „Vollzug" gekuppelt werden können

Triebkopf gestaltet. An den Führerraum schließt sich ein Maschinenraum an, in dem alle größeren Aggregate untergebracht sind.

Die Mittelwagen laufen auf luftgefederten Drehgestellen vom Typ SGP 400. Wie sein Vorgänger ist der ICE 2 verkehrsweiß mit verkehrsroter Bauchbinde lackiert.

Elektrik Weil jeder Halbzug nur einen Stromabnehmer hat, muss dieser auch bei höchsten Geschwindigkeiten sicher am Fahrdraht bleiben. Für diese Ansprüche wurde der Stromabnehmer vom Typ DSA 350 SEK angepasst.

Die Scharfenberg-Kupplungen der Triebköpfe verbinden die Halbzüge nicht nur mechanisch. Sie verbinden auch die Luftleitungen sowie die Lichtwellenleiter, Datenbusse, die konventionellen Steuerleitungen und das Koaxialkabel des Fahrgastinformationssystems. Gegenüber dem ICE 1 wurde das Antriebssteuergerät SIBAS 32 weiterentwickelt.

Einsatz Alle Züge sind in Berlin-Rummelsburg beheimatet und werden von dort auf kürzeren ICE-Linien mit Flügelzugbildung eingesetzt, oder als Doppeleinheiten in Mischplänen mit den ICE-1-Zügen.

TECHNISCHE DATEN	
Länge über Kupplung	
Zug (8-teilig)	205.360 mm
Triebkopf	20.560 mm
Mittelwagen	26.400 mm
Achsfolge	Bo'Bo' + 2'2' + ... + 2'2'
Treibraddurchmesser	1.030 mm
Laufraddurchmesser (Mittelwagen)	920 mm
Achsstand im Drehgestell (Triebkopf)	3.000 mm
Achsstand im Drehgestell (Mittelwg.)	2.500 mm
Gesamter Achsstand (Triebkopf)	14.460 mm
Dienstmasse Triebkopf	77,5 t
Maximale Radsatzlast (Triebkopf)	20,1 t
Höchstgeschwindigkeit	280 km/h
Leistung	4 x 1.200 kW
Motorbauart	Drehstrom-Asynchronmotor
Antriebsart	Kardan-Hohlwelle
Anfahrzugkraft	200 kN
Stromsystem	15 kV~/16,7 Hz
Indienststellung	1996 – 1997
Bestand (Herbst 2006)	46 Triebköpfe DB Fernverkehr

Vier Wagen bilden die kleinste betriebsfähige Einheit des ICE 3. Je zwei Einheiten bilden einen Zug

Zur Ergänzung der ICE-Flotte beschaffte die DB AG Triebzüge der neuen ICE-3-Generation.

Entwicklung 1999 begann die Auslieferung von 37 Einheiten der Baureihe 403 durch Siemens und ADtranz. Die DB nahm die Züge zwischen Juli 2000 und August 2001 ab und setzte sie auf ihren Hochgeschwindigkeitsstrecken ein. Ab Januar 2005 wurde die zweite Bauserie ausgeliefert, die bei der DB unter den Nummern 403 051-6 bis 063-1 läuft.

Fahrzeugbau Je vier Wagen des achtteiligen Triebzugs bilden eine eigenständige Einheit mit allen elektrischen Einrichtungen. Die Wagenkästen sind in Leichtmetallbauweise aus Großstrang-Pressprofilen ohne Spriegel hergestellt. Die Untergestelle aller Wagen sind verstärkt. Sie tragen die komplette elektrische Einrichtung, weil der ICE 3 keine separaten Triebköpfe hat. Die Wagen sind mit einer automatischen Kupplung verbunden, die zusammen mit dem Übergang von einem Wellenbalg umschlossen wird.

Elektrik Die Antriebs- und Steuerungseinrichtungen sind unterflur unter den einzelnen Wagen eingebaut. Ein Zug besteht aus vier angetriebenen und vier nicht angetriebenen Wagen. Mit diesem Antriebskonzept lassen sich Steigungen von 40 ‰ bei nur 16 Tonnen Radsatzlast bewältigen.

Die Zugkombination sieht in der Regel wie folgt aus:

403^0	Endwagen, 1. Klasse
403^1	Trafowagen, 1. Klasse
403^2	Stromrichterwagen, 1. Klasse
403^3	Mittelwagen, Restaurant
403^8	Mittelwagen, 2. Klasse
403^7	Stromrichterwagen, 2. Klasse
403^6	Trafowagen, 2. Klasse
403^5	Endwagen, 2. Klasse

Der Antrieb erfolgt durch 16 Drehstrom-Asynchronmotoren mit einer Leistung von je 500 kW. Sie übertragen ihr Drehmoment über eine radial und axial bewegliche Bogenzahnkupplung auf das einstufige Radsatzgetriebe.

Innenraum Der ICE 3 bietet 130 Plätze in der ersten und 244 Plätze in der zweiten Klasse. Dazu kommen 24 Plätze im Restaurant, zehn Toiletten (eine davon behindertengerecht) und eine Personaltoilette. Die bequemen, verstellbaren Einzelsitze verteilen sich auf Großräume

Die Triebwagen der Baureihen 403 und 406 sind mit 330 km/h die schnellsten Fahrzeuge der DB

und geschlossene Abteile. Nach anfänglichen Problemen wurde die Klimaanlage ab April 2004 überarbeitet. Die Wagen bekamen an ihren Enden neue Ansaugvorrichtungen auf den Dächern.

Einsatz Die Züge werden im Schnellverkehr zwischen zwischen Köln, Frankfurt (M) und München eingesetzt. Sie waren 2006 in München beheimatet.

2002 wurden die Züge einem größeren Umbau unterzogen. Man hatte erkannt, dass einerseits zuviele 1.-Klasse-Plätze vorhanden waren und andererseits die Gesamtzahl an Sitzplätzen nicht ausreichte. Um zusätzliche Plätze unterbringen zu können, wurden die Sitze enger aufgestellt, Garderoben entfernt und der ursprüngliche 1. Klasse-Bereich des Stromrichterwagens der 2. Klasse zugeordnet.

Für die Hochgeschwindigkeitsstrecke zwischen Madrid und Barcelona wurden ICE-3-Züge an die Gegebenheiten der spanische Eisenbahn RENFE angepasst. Ab Ende 2005 unternahmen sie als „Velaro E" Testfahrten mit Höchstgeschwindigkeiten zwischen 350 km/h und 400 km/h. Äußerlich unterscheiden sie sich durch den violetten Absetzstreifen von den deutschen Fahrzeugen.

TECHNISCHE DATEN	
Länge über Kupplung	
Zug (8-teilig)	200.320 mm
Endwagen	25.835 mm
Mittelwagen	24.775 mm
Achsfolge (Halbzug)	Bo'Bo' + 2'2' + Bo'Bo' + 2'2'
Treibraddurchmesser	920 mm
Laufraddurchmesser	920 mm
Achsstand im Drehgestell	2.500 mm
Gesamter Achsstand	19.875 mm
Dienstmasse (Zug)	405 t
Maximale Radsatzlast	16,6 t
Höchstgeschwindigkeit	330 km/h
Leistung	16 x 500 kW
Motorbauart	Drehstrom-Asynchronmotor
Antriebsart	Stirnradgetriebe, Bogenzahnkupplung
Anfahrzugkraft	300 kN
Stromsystem	15 kV~/16,7 Hz
Indienststellung	2000 – 2001, 2005
Bestand (Herbst 2006)	50 Züge DB Fernverkehr

Neben den Einsystemzügen der Baureihe 403 gibt es die Mehrsystemzüge der Baureihe 406

Weil die DB ihre ICE auch in Ländern mit anderen Stromsystemen einsetzen möchte, bestellte sie im Rahmen der ICE-3-Beschaffung Züge, die auch unter Gleichspannung betrieben werden können.

Entwicklung Die 13 Viersystemzüge der Baureihe 406 waren zunächst für den Einsatz in die Niederlande vorgesehen, aber auch Brüssel und Paris gehören zu den geplanten Zielen.

Vier Viersystemzüge gingen an die Niederländische Staatsbahn (NS).

Fahrzeugbau Die achtteiligen Garnituren sind ohne separate Triebköpfe ausgeführt. Die kleinste betriebsfähige Einheit besteht aus vier Wagen. Ein kompletter Zug setzt sich aus vier angetriebenen und vier nicht angetriebenen Wagen zusammen.

Die Untergestelle der Wagen sind verstärkt ausgeführt. Sie müssen außer den Wechselstromaggregaten auch die Einrichtungen für den Einsatz unter Gleichstrom aufnehmen. Die Drehgestelle der Bauart SGP 500 sind unter allen Wagen weitgehend baugleich. Ihr Hauptbestandteil ist ein doppelter H-Rahmen aus geschweißten Kastenprofilen. Sie haben primär doppelte Schraubenfederung, sekundär wurden Luftfedern verwendet. Dämpfer und Wankstützen gewährleisten auch bei hohen Geschwindigkeiten einen ruhigen Lauf. Die Züge sind für eine Höchstgeschwindigkeit von 330 km/h vorgesehen. Die Wagenkästen sind in Leichtmetallbauweise aus Großstrang-Pressprofilen ohne Spriegel hergestellt. Automatische Kupplungen der Bauart Scharfenberg verbinden die einzelnen Wagen miteinander. Die Kupplung und der Übergang werden von einem Wellenbalg umschlossen.

Elektrik Die Traktionseinrichtung der Baureihe 406 entspricht der Baureihe 403. Der Antrieb erfolgt durch Drehstrom-Asynchronmotoren mit einer Leistung von 500 kW. Sie übertragen ihr Drehmoment über eine radial und axial bewegliche Bogenzahnkupplung auf das einstufige Radsatzgetriebe. Der Hauptstromkreis weicht allerdings erheblich von dem des 403 ab. Der auffälligste Unterschied besteht in den sechs Stromabnehmern. Auf den Wagen 406^1 und 406^6 sind zwei Wechselspannungsabnehmer für das DB-, das ÖBB- und das NS-Netz montiert. Zwei Gleichspannungsabnehmer für das SNCB-

Die Züge 51 bis 54 der ICE-3-Flotte unterstehen den niederländischen Eisenbahnen NS

und das NS-Netz befinden sich auf den Wagen 406^2 und 406^7. Die beiden Abnehmer für das Wechselspannungsnetz der SBB, der SNCF und der SNCB sind auf den Wagen 406^3 und 406^8.

Innenraum Wegen der zusätzlichen Geräte musste die Zahl der Sitzplätze gegenüber der Baureihe 403 verringert werden. Die Endwagen haben z. B. nur 46 Plätze statt 49, weil sich am Wagenende 1 ein großer Geräteschrank befindet.

Die Fahrgäste können es sich auf verstellbaren Einzelsitzen in Großräumen und in geschlossenen Abteilen bequem machen. Ab April 2004 wurden die Fahrzeuge mit einer neuen Klimaanlage ausgerüstet.

Einsatz Die Züge werden überwiegend im Schnellverkehr zwischen Amsterdam und Köln eingesetzt. Sie sind in Frankfurt (Main) beheimatet. Die vier Triebwagen der NS haben ihren Heimatbahnhof in Den Haag, werden aber von der DB gewartet.

406 506-6 und 606-4 wurden am 8. Dezember 1999 durch einen Brand zerstört, sind aber inzwischen wieder aufgearbeitet und im Bestand.

TECHNISCHE DATEN	
Länge über Kupplung	
Zug (8-teilig)	200.320 mm
Endwagen	25.835 mm
Mittelwagen	24.775 mm
Achsfolge (Halbzug)	Bo'Bo' + 2'2' + Bo'Bo' + 2'2'
Treibraddurchmesser	920 mm
Laufraddurchmesser	920 mm
Achsstand im Drehgestell	2.500 mm
Gesamter Achsstand	19.875 mm
Dienstmasse (Zug)	435 t
Maximale Radsatzlast	16,6 t
Höchstgeschwindigkeit	330/220* km/h
Leistung	16 x 500 kW
Motorbauart	Drehstrom-Asynchronmotor
Antriebsart	Stirnradgetriebe, Bogenzahnkupplung
Anfahrzugkraft	300 kN
Stromsysteme	15 kV~/16,7 Hz; 25 kV~/50Hz 1,5 kV=, 3 kV=
Indienststellung	2000 – 2002
Bestand (Herbst 2006)	17 Züge DB Fernverkehr

* unter Gleichspannung

Die beiden angetriebenen Mittelwagen 410 210-8 und 202-6 sind Eigentum von Bombardier

Nach den ICE-1- und ICE-2-Zügen, die aus Triebköpfen und nicht angetriebenen Mittelwagen bestehen, änderte die DB beim ICE 3 das Antriebskonzept. Dafür stellte sie den Versuchszug ICE S (S = Schnellfahrt) der Baureihe 410 in Dienst.

Entwicklung Bei den künftigen ICE-Zügen sollten alle Aggregate unter den Böden der Wagen aufgehängt werden. Durch die Verteilung des Antriebs auf mehrere Wagen ergibt sich ein günstigeres Verhältnis zwischen Masse und Beschleunigung, so dass der ICE 3 schnell seine Höchstgeschwindigkeit von 330 km/h erreicht.

Fahrzeugbau Die Triebköpfe stammen aus der Produktion des ICE 2, wurden aber an die Versuchsansprüche angepasst. Weil die Leistung des fünfteiligen ICE S dreimal so hoch ist wie die eines ICE-Triebkopfs, erreicht er mühelos eine Spitzengeschwindigkeit von 400 km/h. Zwei Fahrmotoren je Triebgestell treiben den Versuchszug an. Die Bremsen des ICE S bestehen aus drei Systemen:

- Bei der generatorischen Bremse arbeiten die Fahrmotoren als Generatoren und speisen die beim Bremsen frei werdende Energie über den Stromabnehmer zurück in die Oberleitung.
- Die lineare Wirbelstrombremse funktioniert ähnlich wie eine Magnetschienenbremse, allerdings schwebt der Bremsmagnet über dem Gleis. Der Magnet induziert elektrische Felder im Gleis, die den Zug verzögern. Diese Bremse arbeitet praktisch verschleißfrei.
- Die normale Scheibenbremse

Elektrik Um die Bedingungen des ICE 3 zu simulieren, wurden die elektrischen Einrichtungen auf die drei Mittelwagen verteilt. Sie bilden dadurch eine Einheit. Der Haupttransformator ist in einer Bodenwanne des nicht angetriebenen Messwagens aufgehängt und bezieht seine Energie über den Stromabnehmer auf dem Dach des Messwagens, kann aber auch über die Hochspannungsdachleitung aus den Triebköpfen versorgt werden.

Die beiden Triebköpfe sind mit neuen Hochgeschwindigkeits-Stromabnehmern bestückt. Die Stromabnehmer auf dem Mittelwagen 2 sind nicht angeschlossen. Ihre schmalen Schleifstücke

Die Triebköpfe des ICE S wurden aus der Serienproduktion der Baureihe 402 entnommen

eignen sich für den Einsatz im französischen, niederländischen und belgischen Netz, außerdem können sie für Untersuchungen zur Aerodynamik mit Kameras und Sensoren beobachtet werden. Mit dem neuen „Multi-Vehicle-Bus“ (MVB) und der Zugkommunikation „Train Communication Networks“ (TCN) können neben ständig anfallenden Kontrolldaten auch situationsbezogene Daten aufgezeichnet und übertragen werden.

Innenraum Im Mittelwagen 1, dem sog. „VIP-Wagen“ stehen geladenen Gästen 43 Sitzplätze der 1. Klasse zur Verfügung. Außerdem gibt es hier eine kleine Galley, aus der Snacks und Getränke gereicht werden können.

Im Messwagen werden sämtliche Messdaten gesammelt und zentral bearbeitet. Die ersten Ergebnisse können schon während der Fahrt im Besprechungsabteil erörtert werden. Geräte, die nicht benötigt werden, finden im Lagerraum Platz. Die DB hat im Mittelwagen 2 einen Raum, in dem sie eigene Untersuchungen durchführen kann.

TECHNISCHE DATEN	
Länge über Kupplung	
Zug (5-teilig)	120.320 mm
Triebkopf	20.560 mm
Mittelwagen	26.400 mm
Achsfolge	Bo'Bo' + Bo'Bo' + 2'2' + Bo'Bo' + Bo'Bo'
Treibraddurchmesser (Triebkopf)	1.030 mm
Treibraddurchmesser (Mittelwagen)	920 mm
Achsstand im Drehgestell (Triebkopf)	3.000 mm
Achsstand im Drehgestell (Mittelwg.)	2.500 mm
Gesamter Achsstand (Triebkopf)	14.460 mm
Dienstmasse (Triebkopf)	78 t
Maximale Radsatzlast (Triebkopf)	16 t
Höchstgeschwindigkeit	440 km/h
Leistung	2 x 4 x 1.200, 2 x 4 x 500* kW
Motorbauart	Drehstrom-Asynchronmotor
Antriebart	Kardan-Hohlwelle
Anfahrzugkraft	341 kN
Stromsystem	15 kV~/16,7 Hz
Indienststellung	1997
Bestand (Herbst 2006)	2 Triebköpfe DB Systemtechnik

* angetriebene Mittelwagen

Die ICE-T-Triebzüge lehnen sich in ihrer Form an die ICE-3-Züge an

Für den Einsatz auf Fernstrecken, die nicht für hohe Geschwindigkeiten ausgebaut sind, ist der mit Neigetechnik ausgestattete siebenteilige Triebzug der Reihe 411 vorgesehen.

Entwicklung Um auch auf Strecken mit (zum Teil) engen Kurvenradien einen Innovationsschub hinsichtlich Komfort- und Fahrzeitgewinn zu erzielen, konzipierte die DB die mit Neigetechnik ausgerüsteten Triebzüge 411 „ICE T". 32 dieser auf dem ICE 3 basierenden Einheiten wurden zwischen 1999 und 2000 an die DB ausgeliefert. In den Jahren 2004 und 2005 reihte die DB weitere 27 Züge der Baureihe 411 als ICE T2 mit den Nummern 411 051-6 bis 411 078-9 in den Bestand ein.

Fahrzeugbau Die Grundkonzeption des ICE T folgt dem italienischen ETR 460. Dessen Hersteller Fiat Ferroviaria ist am IC-Neitech-Konsortium beteiligt.

Elektrik Das Antriebskonzept der ICE T nutzt die Vorteile der Triebzüge gegenüber der mit den ICE 1 und 2 realisierten Triebkopfvariante: Mehr Sitzplätze bei gleicher Zuglänge, Verteilung der Traktionsleistung auf die gesamte Zuglänge und damit niedrigere Haftwertbeanspruchung des Rad-Schiene-Systems. Die Verteilung der bislang nur in die Triebköpfe eingebauten Einrichtungen über den gesamten Zug, hat eine weitgehend gleichmäßige Verteilung der Zuglasten auf alle Achsen zur Folge. Gleichzeitig erhielten die ICE T neuartige Neitech-Drehgestelle, bei denen die Fahrmotoren erstmalig komplett innerhalb der Drehgestelle eingebaut werden konnten.

Auch das Leitsystem des ICE T ist neu. Sein Kernstück besteht aus einem kabelgestützten Zugbus „WireTrainBus" (WTB). In den Endwagen ist der WTB über redundante Gateways mit dem Fahrzeugbus nach MVB-Standard gekoppelt (Multifunction Vehicle Bus).

Je drei fest zusammengehörige Wagen bilden ein Basismodul. Sie werden mit Mittel- und Steuerwagen oder mit einem zweiten Basismodul kombiniert. Beispiel für einen siebenteiligen 411 mit zwei Basismodulen und einem zusätzlichen Mittelwagen:

Die Züge der Baureihe 411 setzen sich aus zwei End- und fünf Mittelwagen zusammen

4115 Endwagen, 1. Klasse
4116 Stromrichterwagen, 1. Klasse
4117 Fahrmotorwagen, Restaurant
4118 Mittelwagen, 2. Klasse
4115 Fahrmotorwagen, 2. Klasse
4111 Stromrichterwagen, 2. Klasse
4110 Endwagen, 2. Klasse

Einsatz Alle Züge der Baureihe 411 sind in München beheimatet und werden u.a. zwischen Frankfurt (Main) und Berlin sowie Düsseldorf und Dresden eingesetzt.

Die Österreichischen Bundesbahnen (ÖBB) übernahmen inzwischen drei 411 der ersten Bauserie von der DB. Sie sollen als Baureihe 4011 im innerösterreichischen Verkehr zwischen Wien, Salzburg, Innsbruck und Bregenz sowie für den Verkehr zwischen Wien und München eingesetzt werden. Diese Züge haben eine überarbeite Software bekommen. Zudem wurde ein keiner Mehrzweckbereich mit Ski-Halterungen sowie ein behindertengerechter Bereich eingerichtet.

Ab dem Fahrplanwechsel Ende 2006 sind die Züge der ÖBB sowie neun Züge der DB für eine Verbindung im Zwei-Stunden-Takt zwischen München und Wien vorgesehen.

TECHNISCHE DATEN	
Länge über Kupplung	
Zug (7-teilig)	184.400 mm
Endwagen	27.450 mm
Mittelwagen	25.900 mm
Achsfolge	2'2' + (1A)'(A1)' + (1A)'(A1)' + 2'2' + (1A)'(A1)' + (1A)'(A1)' + 2'2'
Treibraddurchmesser	890 mm
Laufraddurchmesser	890 mm
Achsstand im Drehgestell	2.700 mm
Gesamter Achsstand	21.700 mm
Dienstmasse (Zug)	368*/379** t
Maximale Radsatzlast	16,6 t
Höchstgeschwindigkeit	230 km/h
Leistung	8 x 500 kW
Motorbauart	Drehstrom-Asynchronmotor
Antriebsart	Gelenkwelle mit Stirnradgetriebe
Anfahrzugkraft	200 kN
Stromsystem	15 kV~/16,7 Hz
Indienststellung	1999 – 2000*, 2004 – 2005**
Bestand (Herbst 2006)	59 Züge DB Fernverkehr

* 1. Bauserie ** 2. Bauserie

Züge, die in die Schweiz eingesetzt werden, haben einen Stromabnehmer mit schmalem SBB-Schleifstück

Auf einigen Strecken kann die Sitzplatzkapazität der Baureihe 411 nicht ausgenutzt werden. Dort kommt die fünfteilige Ausführung als Baureihe 415 zum Einsatz.

Entwicklung Die elf Züge der Baureihe 415 wurden gleichzeitig mit den 411 bestellt und in den Jahren 1999 und 2000 ausgeliefert. Neben ihrem eigenständigen Einsatz dienen sie auch als Verstärkungszüge, wenn die Kapazitäten der Baureihe 411 erschöpft sind. Die beiden Baureihen können als Zugverband in Mehrfachtraktion eingesetzt werden.

Das Basismodul der Baureihe 415 besteht aus einem Endwagen (415^5), einem Stromrichterwagen (415^6) und einem Mittelwagen (415^7). Ein Mittelwagen mit Bistro (415^1) und ein antriebsloser Endwagen (415^0) ergänzen das Basismodul.

Fahrzeugbau Der Wagenkasten ist ohne Spanten und weitgehend spriegellos aus Aluminium-Strangpressprofilen hergestellt. Seitenwände, Dach, Stirnwände und Kopfbereich sind als Baugruppen hergestellt. Automatische Kupplungen verbinden die einzelnen Wagen miteinander. An den Stirnseiten sind die Kupplungen unter Bugklappen versteckt. Die Drehgestelle mit Schraubenfederung von Alstom Ferrovia wurden weitgehend von den italienischen „Pendolino"-Zügen übernommen. Sie bestehen aus einem geschweißten doppelten H-Rahmen aus Rohr- und Kastenträgern.

Elektrik Die Antriebsmotoren hängen unter dem Wagenkasten in Drehgestellnähe und übertragen ihr Drehmoment über Gelenkwellen auf die benachbarten Radsätze.

Im Gegensatz zu den Vorgängermodellen konnte die Neigetechnik komplett in den Drehgestellen untergebracht werden. Sie erlaubt eine Neigung der Wagenkästen um 8° nach rechts und links.

Eine generatorische Bremse wandelt die beim Bremsen frei gewordene Energie über die Fahrmotoren in elektrische Energie um und speist sie in die Oberleitung zurück. Diese Bremse wird von einer Magnetschienenbremse und einer Scheibenbremse unterstützt.

Innenraum Im holzbetonten Innenraum stehen den Reisenden in der 1. Klasse komfortable Ledersitze zur

Für Strecken mit geringerem Fahrgastaufkommen beschaffte die DB die fünfteilige Baureihe 415

Verfügung. In der 2. Klasse sind die Sitze mit Velours bezogen. Audio- und Video-Programme gehören in der 1. Klasse ebenso zum Standard wie Steckdosen an den Sitzplätzen und die Möglichkeit, Mobiltelefone zu nutzen.

Einen besonderen Ausblick bietet die Lounge hinter dem Cockpit. Von dort können Reisende durch eine Glaswand nach vorn aus dem Zug schauen.

Größeres Gepäck findet in Ablagen in der Nähe der Wagenübergänge oder in den Einstiegsräumen Platz. Für Rollstuhlfahrer steht eine behindertengerechte Toilette mit Service-Notruftasten zur Verfügung, außerdem wurden Stellplätze für Rollstühle freigehalten. Der Bistrowagen der Baureihe 415 entspricht in seinem Aufbau dem ICE 3, allerdings wurde der Restaurantbereich, durch Sitzplätze und das Kleinkindabteil ersetzt.

Einsatz Die Baureihe 415 ist in Frankfurt (Main) beheimatet. Für den Schweiz-Einsatz haben die Wagen 415 080-1 bis 415 084-3 einen SBB-Stromabnehmer mit schmalem Schleifstück. Sie werden u. a. auf der Gäubahn zwischen Stuttgart und Zürich (SBB) eingesetzt.

TECHNISCHE DATEN	
Länge über Kupplung	
Zug (5-teilig)	132.600 mm
Endwagen	27.450 mm
Mittelwagen	25.900 mm
Achsfolge	2'2' + (1A)'(A1)' + (1A)'(A1)' + (1A)'(A1)' + 2'2'
Treibraddurchmesser	890 mm
Laufraddurchmesser	890 mm
Achsstand im Drehgestell	2.700 mm
Gesamter Achsstand	21.700 mm
Dienstmasse (Zug)	273 t
Maximale Radsatzlast	16,6 t
Höchstgeschwindigkeit	230 km/h
Leistung	6 x 500 kW
Motorbauart	Drehstrom-Asynchronmotor
Antriebsart	Gelenkwelle mit Stirnradgetriebe
Anfahrzugkraft	150 kN
Stromsystem	15 kV~/16,7 Hz
Baujahre	1999 – 2001
Bestand (Herbst 2006)	11 Züge DB Fernverkehr

Der Triebwagen Nummer 1 gehört dem DB Museum und trägt wieder seinen ursprünglichen Anstrich

Aus dem S-Bahn-Verkehr in München, Stuttgart und dem Rhein-Main-Gebiet war die Baureihe 420 lange Zeit nicht wegzudenken. Mehr als 25 Jahre wurde der zuverlässige Triebzug gebaut.

Entwicklung Für das 1972 in München eingerichtete S-Bahn-Netz wurde die dreiteilige Baureihe 420 konzipiert.

Von 1969 bis 1997 lieferte die Industrie fast 480 Züge, deren Endwagen die Nummern 420 001-0 bis 390-7, 400-4 bis 489-7, 501-9 bis 890-6 und 900-3 bis 989-6 erhielten, während die Mittelwagen als 421 001-9 bis 390-6 und 400-3 bis 498-6 eingereiht wurden.

Fahrzeugbau Die Wagenkästen der dreiteiligen Züge sind in Aluminiumleichtbauweise erstellt, bei der ersten Bauserie teilweise auch in Stahlleichtbauweise. Sie bilden zusammen mit dem Untergestell eine verschweißte, selbsttragende Röhrenkonstruktion. Die unter allen Wagen angeordneten Bodenwannen tragen die elektrischen Aggregate. Zwischen den einzelnen Wagen gibt es keine Übergangsmöglichkeit. Die Wagenkästen stützen sich über eine niveaugeregelte Luftfederung auf die zweiachsigen Drehgestelle ab, wobei die Radsätze selbst schraubengefedert sind. Die Zug- und Stoßkräfte zwischen Wagenkasten und Drehgestell werden über zweiarmige Mitnehmerhebel mit Stoßdämpfern übertragen.

Die Fahrzeuge einer Garnitur sind über Kurzkupplungen und Dämpfungspuffer miteinander verbunden, während an den Zugenden automatische Scharfenbergkupplungen vorhanden sind.

Innenraum Die Fahrgasträume der zweiten Klasse weisen eine 2+2-Bestuhlung mit 179 Plätzen auf. Die erste Klasse bietet weitere 17 Plätze. In München wurden diese als 2. Klasse mitgenutzt, weil die 1. Klasse dort entfiel. Ab 1995 wurden die Innenräume der Züge modernisiert und mit stoffbezogenen Sitzen ausgestattet.

Elektrik Der Einholmstromabnehmer nimmt die Spannung am Fahrdraht ab und leitet sie über einen Transformator zu den Fahrmotoren. Alle Radsätze sind angetrieben, so dass die Fahrzeuge

Der verkehrsrote Anstrich hat auch bei den S-Bahn-Triebwagen der Baureihe 420 Einzug gehalten

zügig beschleunigen können. Sifa, Indusi und Zugbahnfunk gehören zur Standardausstattung. Vielfachtraktion ist möglich und wird in allen Einsatzregionen praktiziert.

Einsatz Die in Essen, Frankfurt (Main) und Plochingen beheimateten Züge gehören der DB Regio und werden in den dortigen S-Bahn-Netzen eingesetzt.

Inzwischen wurden viele Züge, besonders der ersten Bauserien, durch die Wagen der Baureihe 423 ersetzt und sind ausgeschieden. Einige konnten nach Schweden verkauft werden und waren im Stockholmer S-Bahn-Netz im Einsatz.

Mit den Zügen 400 und 416 wurde im Herbst 2005 in Stuttgart der „ET 420 plus" vorgestellt. Die Inneneinrichtung dieser modernisierten Wagen lehnt sich an die Baureihe 423 an. Die Züge wurden mit neuen Fenstern und einer Klimaanlage ausgestattet. Deren Aufbauten auf den Wagendächern veränderten das Aussehen der Fahrzeuge erheblich. Fenster in den Stirnwänden und eine Videoüberwachung erhöhen die Sicherheit in den Fahrgasträumen. Die umgebauten Züge sind für die S-Bahn in Stuttgart vorgesehen. Weil aber die Finanzierung des Umbaus noch nicht gesichert ist, blieb es zunächst beim Umbau dieser zwei Fahrzeuge.

TECHNISCHE DATEN	
Länge über Kupplung	
Zug	67.400 mm
Endwagen	23.300 mm
Mittelwagen	20.800 mm
Achsfolge	Bo'Bo' + Bo'Bo' + Bo'Bo'
Treibraddurchmesser	850 mm
Achsstand im Drehgestell	2.500 mm
Gesamter Achsstand	
Endwagen	19.000 mm
Mittelwagen	16.500 mm
Dienstmasse (Zug)	129*; 149 t
Maximale Radsatzlast	16 t
Höchstgeschwindigkeit	120 km/h
Leistung	12 x 200 kW
Motorbauart	4-poliger Mischstrommotor
Antriebsart	Tatzlager
Anfahrzugkraft	180 kN
Stromsystem	15 kV~/16,7 Hz
Indienststellung	1969 – 1981, 1990 – 1997
Bestand (Herbst 2006)	212 + 3 z Züge DB Regio, DB Museum

* ab Zug 131 (Endwagen in Alubauweise)

Die einzelnen Teile der S-Bahn-Triebwagen der Baureihe 423/433 sind mit Stirnübergängen verbunden

Ende der 1990er-Jahre mussten die ersten S-Bahn-Züge der Baureihe 420 ersetzt werden. Die DB entschied sich für eine vollständige Neukonstruktion in Form der Baureihe 423/433.

Entwicklung Als Randbedingung war u. a. die vorhandene Infrastruktur zu beachten, z. B. die Bahnsteiglängen und -höhen. Zunächst bestellte die DB bei ADtranz und LHB in Salzgitter 190 Triebwagen, die ab 1998 ausgeliefert wurden. Während den Endwagen die Bauartnummer 423 zugewiesen wurde, bekamen die ebenfalls angetriebenen Mittelteile die Baureihennummer 433.

Fahrzeugbau Die einzelnen Elemente der vierteiligen Züge sind über Jakobsdrehgestelle und Stirnübergänge miteinander verbunden. So können sich die Fahrgäste über den gesamten Zug verteilen.

Die geschweißten Wagenkästen sind in Alu-Leichtbauweise aus Groß-Strangpressprofilen hergestellt. Pro Zugteil und Seite ermöglichen drei große, doppelflügelige Schiebetüren mit Türschließautomatik den zügigen Fahrgastwechsel. Die beiden separaten Endführerräume sind durch Drehtüren von außen oder vom angrenzenden Fahrgastraum zugänglich.

Luftfedern ohne direkte Wiege verbinden die Wagenkästen mit den Drehgestellen. Die Enddrehgestelle weisen einen Achsstand von 2.200 mm auf, die mittleren Jakobsdrehgestelle von 2.700 mm. Die Primärfederung erfolgt über Gummischichtfedern. Beschleunigungs- und Bremskräfte werden über eine Tiefanlenkung übertragen.

Elektrik Die elektrische Ausrüstung konnte vollständig unter dem Wagenkasten und auf dem Dach angeordnet werden. Der Einholmstromabnehmer der Bauart DSA 350 SEK befindet sich genau in der Mitte der Züge.

Jeweils zwei Zugteile sind mit einem eigenen Transformator ausgestattet, der die Energie an die Drehstrom-Asynchron-Motoren mit einem modifizierten Tatzlagerantrieb weiterleitet.

Innenraum Der Innenraum besteht aus einem durchgehenden Großraum der 2. Klasse mit einer Trenntür in der Zugmitte und zwei 1.-Klasse-Abteilen hinter den Führerräumen. Die 1. Klasse ist bei den Zügen der S-Bahn-München

Jakobsdrehgestelle zwischen den einzelnen Teilen machen eine Trennung im Betrieb unmöglich

nicht zu finden, hier verkehren reine 2.-Klasse-Züge.

Auf den Einbau von Toiletten wurde verzichtet. Die offenen Abteile weisen eine 2+2-Sitzanordnung mit gepolsterten Sitzen und Gepäckablagen über den Fenstern auf. Fahrziel- und Stationsanzeigen sowie eine Lautsprecheranlage vervollständigen die Ausstattung. Luftbehandlungsgeräte sollen für ein angenehmes Klima im Inneren sorgen.

Wegen der kurzen Wagenteile konnten die Wagenkästen breiter ausgeführt werden, was dem Komfort in den Fahrgasträumen zugute kommt.

Einsatz Die 462 verkehrsroten Wagen werden auf den S-Bahn-Strecken rund um Stuttgart, Köln, Düsseldorf, München und Frankfurt (Main) eingesetzt. Sie verkehren als Kurz- (1 Zug), Voll- (2 Züge) und Langzüge (3 Züge).

Die Wagen aus München gehören zur S-Bahn München GmbH, die restlichen zur DB Regio.

TECHNISCHE DATEN	
Länge über Kupplung	
Zug	67.400 mm
Endwagen	18.245 mm
Mittelwagen	15.505 mm
Achsfolge	Bo'Bo'2'Bo'Bo'
Treibraddurchmesser	850 mm
Laufraddurchmesser	850 mm
Achsstand im Drehgestell	
Enddrehgestelle	2.200 mm
Jakobsdrehgestelle	2.700 mm
Gesamter Achsstand	
Endwagen	17.820 mm
Mittelwagen	18.205 mm
Dienstmasse (Zug)	108 t
Maximale Radsatzlast	18 t
Höchstgeschwindigkeit	140 km/h
Leistung	8 x 293,75 kW
Motorbauart	Drehstrom-Asynchronmotor
Antrieb	Stirnradgetriebe, Keilpaketkupplung
Anfahrzugkraft	130 kN
Stromsystem	15 kV~/16,7 Hz
Indienststellung	seit 1999
Bestand (Herbst 2006)	462 Züge DB Regio, S-Bahn-München

Die Aufteilung des Innenraums und die Fensteranordnung entsprechen der Regionalbahn-Baureihe 425

Weil in den einzelnen Ballungsgebieten unterschiedliche Betriebsbedingungen herrschen, beschaffte die DB speziell zugeschnittene S-Bahn-Züge.

Entwicklung So entstand neben der Baureihe 423, die in verschiedenen S-Bahn-Netzen eingesetzt wird, eine eigene Baureihe für Hannover. Sie wird in den Listen der DB als Baureihe 424/434 geführt. Der entscheidende Unterschied zur Baureihe 423 besteht in der geringeren Zahl von Einstiegstüren und der Einstiegshöhe von nur 798 mm über der Schienenoberkante (SO). Von Bahnsteigen, die nur 760 mm über SO liegen, sind diese Wagen über Trittstufen zu erreichen.

Fahrzeugbau Die Wagenkästen entsprechen in ihrem Aufbau den anderen Triebwagen dieser Familie. Allerdings sind sie nur 2.840 mm breit statt der sonst üblichen 3.020 mm. Jede Wagenseite verfügt über zwei zweiflügelige Schwenkschiebetüren mit einer Klapptrittstufe. Die festen Fenster sind tiefer als bei der Baureihe 423 angeordnet.

Wegen der geringeren Fußbodenhöhe mussten die elektrischen Einrichtungen neu konstruiert werden. Dabei ergaben sich so große Abweichungen, dass die Züge mit der Baureihe 423 nur mechanisch (über eine automatische Scharfenbergkupplung), nicht aber elektrisch gekuppelt werden können.

Elektrik Auf dem Dach eines Mittelwagens befindet sich ein Einholmstromabnehmer der Bauart DSA 350 SEK. Zudem sind hier die Aggregate der Klimaanlage zu finden. Ein 32-bit Mikroprozessor übernimmt die Steuerung der Fahrzeuge.

Innenraum Die Innenräume sind als durchgängige Großräume mit Falten-

S-Bahn-Triebwagen (Hannover) 424, 434

Die Baureihe 424 ist für den S-Bahn-Verkehr rund um Hannover vorgesehen und mit Klapptrittstufen an die dortigen Bahnsteighöhen angepasst

balgübergängen zwischen den Wagenteilen ausgeführt. Die offenen Abteile sind mit Vis-à-vis-Bestuhlung ausgestattet. An den Wagenenden sind Traglastenabteile mit an den Wänden angebrachten Klappsitzen und die 1.-Klasse-Abteile angeordnet. Im Endwagen 1 ist eine behindertengerechte Vakuum-Toilette untergebracht. Insgesamt stehen den Reisenden 206 Sitzplätze zur Verfügung, 24 davon entfallen auf die 1. Klasse. 152 Sitze der 2. Klasse sind fest montiert, 30 als Klappsitze ausgeführt.

Einsatz Alle 40 Triebwagen der Baureihe 424 sind verkehrsrot lackiert und werden in Hannover im S-Bahn-Verkehr eingesetzt. Seit 2003 bekommen die Triebwagen Namen von Städten aus dem S-Bahn-Netz Hannover. Die Namen sind samt Stadtwappen an beiden Enden der Züge angebracht.

TECHNISCHE DATEN	
Länge über Kupplung	
Zug	67.500 mm
Endwagen	18.245 mm
Mittelwagen	15.505 mm
Achsfolge	Bo'Bo'2'Bo'Bo'
Treibraddurchmesser	850 mm
Laufraddurchmesser	850 mm
Achsstand im Drehgestell	
Enddrehgestelle	2.200 mm
Jakobsdrehgestelle	2.700 mm
Gesamter Achsstand	
Endwagen	17.820 mm
Mittelwagen	18.205 mm
Dienstmasse (Zug)	108 t
Maximale Radsatzlast	18 t
Höchstgeschwindigkeit	140 km/h
Leistung	8 x 293,75 kW
Motorbauart	Drehstrom-Asynchronmotor
Antrieb	Stirnradgetriebe, Keilpaketkupplung
Anfahrzugkraft	130 kN
Stromsystem	15 kV~/16,7 Hz
Indienststellung	2001 – 2002
Bestand (Herbst 2006)	40 Züge DB Regio

Die Triebwagen der Baureihe 425 sind für den Regionalverkehr vorgesehen

Die dritte Baureihe der neuen elektrischen Triebwagen ist für den Regionalverkehr vorgesehen und weist entsprechende Merkmale in Aufbau und Gestaltung auf.

Entwicklung So wurde die Anzahl der Türen verringert, eine Toilette eingebaut und die Höchstgeschwindigkeit der Züge auf 160 km/h erhöht. Bei den Einstiegen musste mit einer zusätzlichen Trittstufe den unterschiedlichen Bahnsteighöhen Rechnung getragen werden.

Fahrzeugbau Für die Wagenkästen wurden Strangpressprofile aus Aluminium verwendet. Beim Bau kamen sämtliche Regeln der Leichtbauweise zur Anwendung. Zwei Doppelschiebetüren mit Türschließautomatik und Warneinrichtungen stehen den Reisenden pro Wagen und Seite zur Verfügung. Die Fußbodenhöhe beträgt in den Fahrgasträumen 798 mm. An den Türen befinden sich 580 mm hohe, feste Trittstufen.

Die beiden Endwagen haben jeweils an einem Ende einen geschlossenen Führerraum, der sowohl von den Längsseiten als auch vom Fahrgastraum aus betreten werden kann. Die Seitenfenster sind fest mit dem Wagenkasten verbunden. Bei wenigen Fenstern kann das Oberteil nach innen geklappt werden.

Luftgefederte Drehgestelle sorgen für einen ruhigen Lauf. Die drei inneren Drehgestelle sind als Jakobsdrehgestelle ausgeführt, tragen also zwei Wagenkästen und stellen somit die Verbindung zwischen den einzelnen Wagenteilen her. Die Übergänge zwischen den einzelnen Teilen werden durch Faltenbälge gesichert. An den Stirnseiten befinden sich Kupplungen der Bauart Scharfenberg, mit denen mehrere Wagen mechanisch und elektrisch zu einer Einheit gekuppelt werden können.

Elektrik Für den Antrieb sorgen schnelllaufende Asynchron-Fahrmotoren. Sie verfügen über einen modifizierten Tatzlagerantrieb und übertragen ihr Drehmoment über eine Gummikupplung auf ein zweistufiges Getriebe und weiter auf die Radsätze.

Sämtliche Aggregate der elektrischen Ausrüstung sind unterflur angeordnet. Auf dem Wagendach befinden sich die Rückkühler der Klimaanlage. Über Wärmetauscher kann die Abwärme der Fahrmotoren und der Stromrichter zum Heizen genutzt werden.

Die 425^0 unterscheiden sich durch ihre Höchstgeschwindigkeit (160 km/h) von den S-Bahn-Triebwagen

Die LZB ermöglicht den Einsatz der Wagen bis 160 km/h.

Über eine Lautsprecheranlage und Matrixanzeigen können Informationen an die Reisenden weitergegeben werden.

Innenraum Der Großraum hat offene Abteile in Vis-à-vis-Anordnung. Die Sitze sind fest montiert und mit Stoff bezogen. Über den Fenstern befinden sich Längsgepäckablagen.

Einsatz Eingesetzt werden die Wagen im Regionalverkehr zwischen verschiedenen Ballungszentren. Die 156 Züge sind in Essen, Kassel, Köln, Magdeburg, München, Plochingen, Saarbrücken und Trier beheimatet.

Im Dezember 2003 ging die S-Bahn im Raum Mannheim – Ludwigshafen in Betrieb. Hier werden die Triebwagen der Unterbaureihe 425^2 eingesetzt. Im Herbst 2006 waren die 20 Triebwagen der Unterbaureihe 435^3 in Plochingen und Bremen beheimatet.

TECHNISCHE DATEN	
Länge über Kupplung	
Zug	67.500 mm
Endwagen	18.245 mm
Mittelwagen	15.505 mm
Achsfolge	Bo'Bo'2'Bo'Bo'
Treibraddurchmesser	850 mm
Laufraddurchmesser	850 mm
Achsstand im Drehgestell	
Enddrehgestelle	2.200 mm
Jakobsdrehgestelle	2.700 mm
Gesamter Achsstand	
Endwagen	17.820 mm
Mittelwagen	18.205 mm
Dienstmasse (Zug)	111 t
Maximale Radsatzlast	18 t
Höchstgeschwindigkeit	140; 160* km/h
Leistung	8 x 293,75 kW
Motorbauart	Drehstrom-Asynchronmotor
Antrieb	Stirnradgetriebe, Keilpaketkupplung
Anfahrzugkraft	130 kN
Stromsystem	15 kV~/16,7 Hz
Indienststellung	2001 – 2005
Bestand (Herbst 2006)	245 Züge DB Regio

* mit LZB

Die zweiteiligen Triebwagen der Baureihe 426 unterscheiden sich nur durch die beiden fehlenden Mittelwagen von der Baureihe 425

Für schwach frequentierte Regionalstrecken beschaffte die DB ab 1999 eine zweiteilige Variante der Baureihe 425.

Entwicklung Wie ihre vierteiligen Vorgänger entstand auch die Baureihe 426 in Zusammenarbeit zwischen ADtranz, Siemens und der DB. Bombadier-DWA zeichnete für den wagenbaulichen Teil verantwortlich. Der zweiteilige Triebwagen besteht aus fast baugleichen Hälften, die über ein Jakobsdrehgestell und einen Übergang für Reisende miteinander verbunden sind. Wie bei allen Triebwagen der Baureihen 423 bis 426 trägt ein Teil die Betriebsnummer 426^0. Der andere hat die Nummer 426^5.

Fahrzeugbau Für die Wagenkästen wurden Aluminium-Strangpressprofile in Leichtbauweise verwendet. Die Köpfe der Führerstände sind aus glasfaserverstärktem Kunststoff gefertigt. Sie wurden mit den Wagenkästen verschraubt und verklebt.

Vier Doppelschiebetüren pro Wagenseite ermöglichen ein zügiges Aus- und Einsteigen. Die Türen sind mit einem Warnsystem und einer Türschließanlage ausgestattet. Die Seitenfenster sind fest mit dem Wagenkasten verbunden und können nicht geöffnet werden.

Drei luftgefederte Drehgestelle, von denen das mittlere als Laufgestell ausgeführt ist, sorgen für einen ruhigen Lauf. In der Mitte stützen sich beide Wagenkästen auf das tiefangelenkte, wiegenlose Jakobsdrehgestell.

An den Stirnseiten befinden sich Kupplungen der Bauart Scharfenberg, mit denen mehrere Wagen zu einer Einheit gekuppelt werden können. Durch die Mehrfachsteuerung lassen sich alle Wagen von einem Führerstand aus steuern. Die Fahrzeuge können auch gemeinsam mit den Triebwagen der Baureihe 425 eingesetzt werden.

Elektrik Die flüssigkeitsgekühlten Asynchron-Fahrmotoren mit modifiziertem Tatzlagerantrieb übertragen ihr Drehmoment über eine Gummikupplung auf ein Getriebe und auf die Radsätze. Die extra flach ausgeführten elektrischen Aggregate wie Transformatoren oder Stromrichter sind unterflur angeordnet. Die Kühler der Klimaanlage befinden sich auf dem Dach.

Die Wagen mit einer Höchstgeschwindigkeit von 160 km/h werden auf schwach frequentierten Strecken im Regionalverkehr eingesetzt

Ein Einholmstromabnehmer der Bauart DSA 350 SEK versorgt den Zug mit elektrischer Energie aus der Oberleitung. Über eine Lautsprecheranlage und Matrixanzeigen können Informationen an die Reisenden weitergegeben werden.

Innenraum Im Großraum befinden sich offene Abteile mit stoffbezogenen Sitzen in Vis-à-vis-Anordnung. Über den Fenstern sind Längsgepäckablagen montiert. Am vorderen Ende des 426° ist ein 1.-Klasse-Abteil zu finden. Wie beim 425 ist auch in den 426 eine Toilette vorhanden.

Einsatz Bis heute wurden 43 Triebwagen an verschiedene Betriebshöfe geliefert. Die Wagen sind auf wenig frequentierten Strecken oder in Tagesrandlagen von Essen, München, Kassel, Plochingen und Trier aus im Einsatz. Der Wagen 11 ist nach einem Unfall im April 2004 im Bf Süßen aus dem Betriebsbestand ausgeschieden und wurde verschrottet.

TECHNISCHE DATEN	
Länge über Kupplung	
Zug	36.490 mm
Endwagen	18.245 mm
Achsfolge	Bo'2'Bo'
Treibraddurchmesser	850 mm
Laufraddurchmesser	850 mm
Achsstand im Drehgestell	
Enddrehgestelle	2.200 mm
Jakobsdrehgestelle	2.700 mm
Gesamter Achsstand	18.205 mm
Dienstmasse (Zug)	63,2 t
Maximale Radsatzlast	18 t
Höchstgeschwindigkeit	140; 160* km/h
Leistung	4 x 293,75 kW
Motorbauart	Drehstrom-Asynchronmotor
Antriebsart	Stirnradgetriebe, Keilpaketkupplung
Anfahrzugkraft	65 kN
Stromsystem	15 kV~/16,7 Hz
Indienststellung	2001 – 2002
Bestand (Herbst 2006)	42 Züge DB Regio

* mit LZB

Als Ersatz für den 450 002-1, der wegen Brandstiftung ausgemustert werden musste, bekam die DB den Wagen 816 (jetzt 450 005-4)

Bei der Albtal-Verkehrsgesellschaft wurden Stadtbahnfahrzeuge konzipiert, die auf Straßenbahn- und Eisenbahnstrecken eingesetzt werden können. Die DB beteiligte sich an der Beschaffung dieser Fahrzeuge.

Entwicklung Die achtachsigen Wagen wurden aus den sechsachsigen Stadtbahnwagen Typ GT-6-80C abgeleitet, die ihrerseits vom Stadtbahnwagen Typ „B" abstammen. Bei der Serie GT8-100C/2S handelt es sich um Zweirichtungs-Gelenkwagen für den Zweisystem-Betrieb. Vier dieser Fahrzeuge, die im Großraum Karlsruhe eingesetzt werden, gehören der DB. Sie tragen neben den AVG-Nummern die DB-Baureihennummer 450. Die übrigen Züge gehören der Albtal-Verkehrsgesellschaft (AVG) oder den Verkehrsbetrieben Karlsruhe (VBK). Lieferant der Wagen waren DUEWAG und ABB.

Fahrzeugbau Der Wagenkasten ist in Stahlleichtbauweise ausgeführt. Seine Rahmensteifigkeit entspricht nicht den internationalen Vorgaben der UIC, doch wird die geringere passive Sicherheit durch extrem kurze Bremswege, eine höhere Beschleunigung und die geringe Höchstgeschwindigkeit ausgeglichen. Die Wagen dürfen aber nicht in andere Züge eingestellt werden oder Wagen angehängt bekommen. Der dreiteilige Triebwagen läuft auf vier zweiachsigen Drehgestellen. Die beiden mittleren sind als Jakobsdrehgestelle ausgebildet. Je Wagenseite sind vier Doppelschwenk-Schiebetüren mit festen Trittstufen eingebaut.

An den Fahrzeugenden sind automatische Scharfenbergkupplungen montiert, die auch alle elektrischen Kontakte verbinden. Mehrere Züge können von einem Führerstand aus gemeinsam gesteuert werden.

Das Radreifenprofil wurde als Mischprofil ausgebildet, um den Einsatz auf Eisenbahn- und Straßenbahngleisen zu ermöglichen. Die Wagen tragen die herkömmliche Farbgebung der Albtalbahn in Gelb mit roten Zierstreifen und dunklem Fensterband.

Elektrik Über einen Einholmstromabnehmer gelangt die Fahrdrahtspannung zum Transformator. Diesem ist

Neben mechanischen Anpassungen musste auch die elektrische Ausrüstung für Wechsel- und Gleichspannungsbetrieb ausgelegt werden

ein Gleichrichter vorgeschaltet, der im 15 kV-Netz der DB die Spannung für die wageneigenen Aggregate anpasst. Die Systemumschaltung erfolgt beim Netzübergang vollautomatisch.

Zur weiteren technischen Ausstattung gehören das Mikrocomputer-Fahrzeugsteuerungs-System MICAS, Sifa, Indusi, Zugbahnfunk, induktive Fahrsperre und Betriebsfunk der VBK/AVG. Damit entsprechen die Wagen sowohl der Eisenbahn-Bau- und Betriebsordnung (EBO) als auch der Betriebsordnung Straßenbahn (BOStrab).

Innenraum Der Innenraum hat offene Abteile mit stoffgepolsterten Vis-à-vis-Sitzen, die für insgesamt 100 Fahrgäste Platz bieten. Die Fahrzeuge haben als Zweirichtungswagen an beiden Wagenenden einen abgeschlossenen Raum für den Triebfahrzeugführer.

Einsatz Der Einsatz erfolgt gemeinsam mit den Wagen der Verkehrsbetriebe Karlsruhe bzw. der Albtalbahn auf den Strecken rund um Karlsruhe.

450 002-1 schied 2001 nach einer Brandstiftung aus. Er wurde durch den Wagen 816 ersetzt, der jetzt zusätzlich die Nummer 450 005-4 trägt.

TECHNISCHE DATEN	
Länge über Kupplung	
Zug	37.610 mm
Endwagen	10.100 mm
Mittelwagen	9.770 mm
Achsfolge	B'2'2'B
Treibraddurchmesser	740 mm
Laufraddurchmesser	740 mm
Achsstand im Drehgestell	2.100 mm
Gesamter Achsstand	32.070 mm
Dienstmasse	58,6 t
Maximale Radsatzlast	8 t
Höchstgeschwindigkeit	95 km/h
Leistung	2 x 230 kW
Motorbauart	Gleichstrommotor
Antriebsart	Kegelrad
Stromsystem	15 kV~/16,7 Hz; 750 V=
Indienststellung	1994
Bestand (Herbst 2006)	4 Triebwagen
(kein Farbwechsel)	DB Regio

Im Gegensatz zu den Vorgängerbaureihen sind beim 472/473 alle zwölf Radsätze angetrieben

Für die Hamburger City-S-Bahn mit Steigungen von bis zu 40 ‰ wurde ein allachsgetriebener dreiteiliger Triebwagen völlig neu konstruiert.

Entwicklung Von der Baureihe 472/473 wurden 1974 bis 1984 62 Einheiten in zwei Serien an die DB geliefert. Verschiedene Fahrzeughersteller hatten den Zug zusammen mit dem BZA München und der BD Hamburg entwickelt. Ein Weiterbau der alten Bauarten schien in Anbetracht der neu gebauten Strecken mit bis zu 40 ‰ Steigungen nicht sinnvoll. Wie bei der Baureihe 420/421 sollten beim 472 alle Radsätze angetrieben werden. Nachdem 1974 und 1975 zunächst 30 dreiteilige Züge geliefert worden waren, bestellte die DB 1982 bis 1984 32 weiter verbesserte Garnituren als Ersatz für verschlissene Triebzüge der Baureihe 471 und auch, um den steigenden Bedarf auf neuen Strecken abzudecken. Die Züge wurden als 472 001-7 + 473 001-6 + 472 501-6 bis 472 062-9 + 473 062-8 + 472 562-8 bezeichnet.

Fahrzeugbau Die Wagenkästen sind komplett in Leichtbauweise hergestellt und vollständig geschweißt, während die Stirnfronten aus glasfaserverstärktem Polyester bestehen. Hinter der relativ kleinen Frontscheibe ist das Führerpult mittig angeordnet. Der Zugang erfolgt über seitliche Drehtüren.

Die Fahrgasträume werden über vier bzw. drei zweiflügelige Schiebetüren je Wagenseite betreten. Die Fenster lassen sich oben öffnen. Zwischen den Wagen gibt es keine Übergangsmöglichkeit für die Fahrgäste, obwohl die Kurzkupplung nur in der Werkstatt gelöst werden kann. An den Zugenden sind Scharfenbergkupplungen montiert. Mit den älteren S-Bahn-Bauarten sind die 472/473 zwar mechanisch kuppelbar, ein gemeinsamer Einsatz in Vielfachtraktion ist aber nicht möglich.

Die Wagenkästen stützen sich über Gummi- und Luftfedern auf den geschweißten Drehgestellen ab.

Die ursprünglich ozeanblau/beige Farbgebung wurde ab 1997 durch den verkehrsroten Anstrich ersetzt.

Elektrik Allen zwölf Radsätzen ist jeweils ein vierpoliger Gleichstrom-Reihenschlussmotor mit Tatzlagerantrieb

Hinter der einteiligen Frontscheibe verbirgt sich ein mittig angeordnetes Führerpult

zugeordnet. Die komplette elektrische Einrichtung mit einem Nockenschaltwerk und einer Thyristor-Pulssteuerung konnte in Einschüben in der Bodenwanne angeordnet werden. Die Vielfachsteuerung ermöglicht den gemeinsamen Einsatz von bis zu drei Triebzügen. Alle Triebwagen der Hamburger S-Bahn bekommen ihre elektrische Energie über Schleifer an den Drehgestellen aus der seitlich geführten Stromschiene.

Innenraum Die Innenraum- und die Klassenaufteilung entsprechen den Vorgängerbauarten. Die Traglastenabteile entfielen jedoch zugunsten von Sitzabteilen. Der Zug bietet in der 1. Klasse 50 Sitzplätze, in der 2. Klasse 130 Sitzplätze. Auf Toiletten wurde – wie bei S-Bahnen üblich – verzichtet.

Zwischen 1997 und Ende 2005 durchliefen die Züge ein „Redesign"-Programm bei dem neben dem Einbau neuer technischer Ausstattungen wie Notrufsprechstellen und die Einrichtungen zur Triebfahrzeugführer-Selbstabfertigung (SAT) der Innenraum an das Design der Baureihe 474 angeglichen wurde.

TECHNISCHE DATEN	
Länge über Kupplung	
Zug	65.820 mm
Endwagen	23.165 mm
Mittelwagen	19.490 mm
Achsfolge	Bo'Bo' + Bo'Bo' + Bo'Bo'
Treibraddurchmesser	850 mm
Achsstand im Drehgestell	2.500 mm
Gesamter Achsstand	
Endwagen	18.690 mm
Mittelwagen	15.090 mm
Dienstmasse (Zug)	114 t
Maximale Radsatzlast	10 t
Höchstgeschwindigkeit	100 km/h
Leistung	12 x 125 kW
Motorbauart	Gleichstrom-Reihenschlussmotor
Antriebsart	Tatzlager
Anfahrzugkraft	160 kN
Stromsystem	1,2 kV=
Indienststellung	1974 – 1976, 1982 – 1984
Bestand (Herbst 2006)	58 Züge S-Bahn-Hamburg

Wie in Hamburg üblich, sind die Mittelwagen als reine 1.-Klasse-Fahrzeuge ausgeführt

Im Auftrag der Deutschen Bahn AG entwickelte die Arbeitsgemeinschaft Linke-Hofmann-Busch (LHB) und ADtranz Deutschland den neuen S-Bahn-Triebzug der Baureihe 474 für Hamburg.

Entwicklung In enger Zusammenarbeit mit der Deutschen Bahn AG entstand ein innovativer Triebzug für einen wirtschaftlichen und umweltverträglichen Betrieb der Hamburger S-Bahn.

Der dreiteilige Triebzug erfüllt mit seinem Design hohe Ansprüche hinsichtlich Fahrgast- und Behindertenfreundlichkeit. Die Züge setzen sich aus den beiden angetriebenen Endwagen und dem antriebslosen Mittelwagen (Baureihe 874) zusammen.

Fahrzeugbau Ein niveaugleicher Zugang mit doppelten Schiebetüren führt in den Fahrgastbereich, der mit behindertengerechten Bedienelementen ausgestattet ist. Automatische Haltestellenanzeigen und -ansagen erleichtern die Orientierung. Der hohe Fahrkomfort wird u. a. durch eine optimierte Geräuschdämmung und eine wirkungsvolle Heizungs- und Lüftungsanlage erzielt. Der Führerraum wurde von LHB-Designern mit Beteiligung der Hamburger Triebfahrzeugführer nach ergonomischen Erkenntnissen gestaltet. Nach hinten wird der Führerraum durch eine Trennwand abgeschlossen.

Die Wagenkästen der Trieb- und Mittelwagen besitzen eine gleichartige Rohbaustruktur. Die überwiegende Verwendung nichtrostender Stähle verbessert die Wirtschaftlichkeit im Hinblick auf die spätere Wartung und Instandhaltung. Die Wagenkästen sind luftgefedert auf die Drehgestelle aufgesetzt, wobei vertikale und horizontale Wagenbewegungen hydraulisch gedämpft werden.

Die Bremse arbeitet sowohl elektrodynamisch als auch rein pneumatisch. Sie wird durch die elektronische Führerbremsanlage geregelt. Die Komponenten zur Drucklufterzeugung sind im Mittelwagen, die Steuergeräte in Geräteräumen in den Triebwagen installiert. Automatische Scharfenbergkupplungen an den Stirnseiten ermöglichen das Zusammenstellen von Zugverbänden.

Inzwischen sind alle Züge der Baureihe 474 ausgeliefert und bei der Hamburger S-Bahn im Einsatz

Elektrik Die beiden Endwagen sind jeweils mit einem wassergekühlten GTO-Wechselrichter und vier ebenfalls wassergekühlten Drehstrom-Asynchronmotoren ohne die wartungsintensiven Schaltwerke ausgerüstet, deren Abwärme zur Beheizung der Fahrgasträume genutzt wird. Die gesamte elektrische Ausrüstung ist mit Ausnahme der für die Bedienung erforderlichen Elemente im Untergestell des Fahrzeugs untergebracht.

Die Triebfahrzeugführer und das Wartungspersonal werden durch ein in die Fahrzeugleittechnik integriertes Diagnosesystem unterstützt. Die neue Technik verhindert allerdings den gemeinsamen Einsatz der Triebwagen mit den Vorgängerbaureihen.

Einsatz Die Triebwagen der Baureihe 474 sind zusammen mit den Wagen der Baureihe 472 in Hamburg-Ohlsdorf beheimatet. 2006 wurden die ersten Mehrsystem-Züge geliefert, die die elektrische Energie auch über Dachstromabnehmer aus der Fahrleitung entnehmen können.

TECHNISCHE DATEN	
Länge über Kupplung	
Zug	66.000 mm
Endwagen	23.115 mm
Mittelwagen	19.770 mm
Achsfolge	Bo'Bo' + 2'2' + Bo'Bo'
Treibraddurchmesser	820 mm
Laufraddurchmesser	680 mm
Achsstand im Drehgestell	2.300 mm
Gesamter Achsstand	
Endwagen	16.190 mm
Mittelwagen	13.280 mm
Dienstmasse (Zug)	102 t
Höchstgeschwindigkeit	100 km/h
Leistung	8 x 115 kW
Motorbauart	Drehstrom-Asynchronmotor
Antriebsart	Tatzlager
Anfahrzugkraft	144 kN
Stromsystem	1,2 kV=
Indienststellung	1997 – 2001
Bestand (Herbst 2006)	110 Züge
	S-Bahn-Hamburg

Seit ihrer Modernisierung, die zusammen mit dem Umbau der Berliner S-Bahn-Wagen durchgeführt wurde, haben die Wagen zwei große Frontfenster und getrennte Spitzen- und Schlussleuchten

Auf der Flachstrecke der Oberweißbacher Bergbahn rollen drei Elektrotriebwagen mit außergewöhnlicher Herkunft. Jeder von ihnen hat seine eigene Geschichte.

Entwicklung Die Strecke von Lichtenhain nach Cursdorf schließt an die einzigartige Standseilbahn an, mit der die Fahrgäste von Obstfelderschmiede bergauf gebracht werden. Sie wird seit ihrer Eröffnung im Jahr 1923 elektrisch betrieben.

Aus dieser Zeit stammt der mehrfach umgebaute Triebwagen 479 201-6, ein Produkt der Waggonfabrik Gotha.

479 203-2 hingegen wurde 1909 von Herbrand für die Leipziger Straßenbahn gebaut, 1955 für die Bergbahn adaptiert und schließlich 1963 im Raw Gotha weitgehend neu als Eisenbahntriebwagen aufgebaut.

479 205-7 wurde 1984 aus einem Steuerwagen der Bergbahn umgebaut. Er war zuvor bei der Niederbarnimer Eisenbahn als Beiwagen unterwegs gewesen. Seit 1984 präsentieren sich die Triebwagen weitgehend einheitlich.

Fahrzeugbau Bei allen Triebwagen gleichen die Stirnseiten der geschweißten Wagenkästen den Berliner U-Bahn-Großprofilwagen vom Typ E III. Die Wagen haben einen Mitteleinstieg mit druckluftbedienten Schiebetüren und einen großen Fahrgastraum. Schiebetüren und oben klappbare Seitenfenster wurden dem Ersatzteillager der S-Bahn Berlin entnommen.

Die Führerstände mit zwei großen Stirnfenstern sind durch Zwischenwände vom Fahrgastraum abgetrennt. Sie haben keinen eigenen Einstieg von außen. Neben dem Fahrschalter sind hier ein Führerbremsventil und die Sicherheitsfahrschaltung.

Die elektrische Widerstandsbremse wird durch eine Druckluftbremse ergänzt.

Die Wagen werden meist zu zweit eingesetzt, wobei aber nur einer Strom aus dem Fahrdraht entnimmt

Die Lackierung ist – wiederum in Anlehnung an die S-Bahn in Berlin – in Rot und Creme gehalten.

Elektrik Je ein mittig angeordneter Scherenstromabnehmer nimmt die 600 Volt Gleichspannung von der einfachen Fahrleitung ab. Daneben befinden sich zwei Widerstandsgruppen.

Alle Wagen werden mit zwei Gleichstrom-Reihenschlussmotoren vom Typ GFM 3127 mit Tatzlagerantrieb angetrieben. Die Spannung erhalten sie über einen Straßenbahnfahrschalter und Vorwiderstände.

Innenraum Die beiden Fahrgasträume 2. Klasse bieten auf jeder Seite 1 1/2 offene Abteile, die durch einen Mittelgang getrennt werden.

Darin befinden sich gepolsterte Sitzplätze für insgesamt 24 Reisende. Die Wagen verfügen über Beschallungs- und Türschließeinrichtungen mit Klingelsignal und Warnlicht.

Einsatz Alle drei Triebwagen sind beim Betriebshof Saalfeld, Einsatzstelle Lichtenhain a. d. Bergbahn, beheimatet. Sie werden ausschließlich auf der drei Kilometer langen Flachstrecke der Oberweißbacher Bergbahn von Lichtenhain an der Bergbahn über Oberweißbach-Deesbach nach Cursdorf eingesetzt.

TECHNISCHE DATEN	
Länge über Puffer	12.600 mm
Achsfolge	Bo
Treibraddurchmesser	800 mm
Gesamter Achsstand	6.500 mm
Dienstmasse	16,3*; 15,3 t
Maximale Radsatzlast	8 t
Höchstgeschwindigkeit	40 km/h
Leistung	2 x 60 kW
Motorbauart	Gleichstrom-Reihenschlussmotor
Antriebsart	Tatzlager
Stromsystem	600 V=
Indienststellung	1981*; 1963
Bestand (Herbst 2006)	3 Triebwagen OBS

* 479 201-6

Als erste Neukonstruktion nach der Übernahme der S-Bahn durch die Berliner Verkehrsbetriebe kamen die Züge der Baureihe 480 zum Einsatz

Die Baureihe 480 geht auf eine Entwicklung der Berliner Verkehrsbetriebe (BVG) zurück. Die BVG hatte am 9. Januar 1984 die Betriebsführung der S-Bahn im damaligen West-Berlin von der DR übernommen.

Entwicklung Direkt nach diesem Wechsel begann die Beschaffung von Ersatzfahrzeugen für die 115 übernommenen Altbauwagen der Baureihe 475.

Um bereits stillgelegte Strecken wieder in Betrieb nehmen zu können, reichten die 115 Altbaufahrzeuge der Baureihe 475 ohnehin nicht aus. Deshalb wurde die Entwicklung einer neuen Baureihe notwendig. Die Waggon-Union lieferte 1987 die ersten vier Prototypen der neuen Baureihe 480, die sich optisch deutlich den Vorgängern unterscheidet. Ab 1990 begann die Auslieferung von insgesamt 81 weiteren Triebzügen. An deren Bau war neben der Waggon-Union auch AEG beteiligt.

Fahrzeugbau Der selbsttragende Wagenkasten ist in Leichtbauweise aus korrosionsfestem Edelstahl gefertigt. Ein verformbares Kopfstück dient zur Aufnahme von Kräften bei Unfällen und somit zum Schutz der dahinter liegenden Fahrgastzelle.

Der Wagenkasten stützt sich über je zwei Luftfederbälge ohne Wiege auf die beiden zweiachsigen Drehgestelle ab. Sie bestehen aus H-förmigen Stahlblechträgern. Bewegungen zwischen den Radsätzen und Drehgestellrahmen werden primär durch Metallgummi-Schichtfedern aufgefangen. Die acht Fahrmotoren je Doppeltriebwagen sind quer zur Fahrtrichtung in den Drehgestellrahmen befestigt und treiben die Radsätze über eine Lamellen-Kreuz-Kupplung an. Die Züge haben automatische Scharfenberg-Kupplungen an den Zugenden und Kurzkupplungen zwischen den Wagen. An beiden Längsseiten sind je drei Außenschwenk-Schiebetüren zu finden.

Elektrik Der Strom wird über zwei Schleifer je Zug von der Stromschiene abgenommen. Über Netzfilter, Gleichstromsteller und Wechselrichter gelangt die Spannung zu den Drehstrom-Asynchronmotoren. Die Antriebssteuerung über Mikrocomputer eignet sich

Charakteristisch für die Baureihe 480 sind die trapezförmigen Stirnfenster mit den beiden dreieckigen Seitenfenstern, in die die Stirnlampen integriert sind

auch für einen automatischen Fahrbetrieb mit von der Strecke ausgehenden Impulsen. Gebremst wird mit einer kombinierten elektrischen Nutz- und Widerstandsbremse, die einen Teil der Energie ins Netz zurückspeisen kann. Zusätzlich sind Scheibenbremsen vorhanden. Eine Federspeicherbremse dient als Parkbremse.

Die Führerhäuser sind klimatisiert, die Fahrgasträume mit Klappfenstern und einem Gebläse unter den Sitzen ausgestattet. Das Gebläse kann auf reinen Lüftungsbetrieb umgeschaltet werden.

Einsatz Die Züge werden in Berlin-Wannsee unterhalten und sind überwiegend auf den äußeren S-Bahn-Linien eingesetzt. Obwohl sich die Triebwagen bewährt haben, fußt die für die Erweiterung und Modernisierung des Berliner S-Bahn-Netzes nötige Großserie (Baureihe 481) auf einer völlig neuen Konstruktion.

2002 schieden die vier Prototypen 480 001-7 bis 480 004-1 aus dem Bestand aus. Im Jahre 2003 wurden sie verschrottet.

TECHNISCHE DATEN	
Länge über Kupplung	
Zug (Viertelzug)	36.800 mm
Endwagen	18.400 mm
Mittelwagen	18.400 mm
Achsfolge	Bo'Bo' + Bo'Bo'
Treibraddurchmesser	900 mm
Achsstand im Drehgestell	2.200 mm
Gesamter Achsstand	
Endwagen	14.300 mm
Mittelwagen	14.300 mm
Dienstmasse (Zug)	60 t
Höchstgeschwindigkeit	100 km/h
Leistung	8 x 90 kW
Motorbauart	Drehstrom-Asynchronmotor
Antriebsart	Tatzlager
Anfahrzugkraft	90 kN
Stromsystem	750 V=
Indienststellung	1987*, 1990 – 1994
Bestand (Herbst 2006)	78 Viertelzüge S-Bahn-Berlin

* 480 001-7 bis 480 004-1

Die einteilige, leicht gewölbte Panoramascheibe ermöglicht dem Fahrzeugführer eine gute Sicht

Nachdem die beiden von unterschiedlichen Verwaltungen betriebenen Teile der Berliner S-Bahn zusammengeführt worden waren, war es nicht länger sinnvoll, unterschiedliche Neubaufahrzeuge zu beschaffen.

Entwicklung 1991 entstand ein „Lastenheft für das Einheitsfahrzeug der Berliner S-Bahn“, das 1994 noch einmal überarbeitet wurde. Es enthielt als wesentliche Ziele die Verbesserung von Komfort und Sicherheit für die Fahrgäste, eine Kostenreduzierung bei Anschaffung, Betrieb und Instandhaltung sowie eine flexible Fahrgastraumgestaltung. Auf der Grundlage dieses Hefts lieferte die Deutsche Waggonbau (DWA) zusammen mit AEG Schienenfahrzeuge Hennigsdorf 1996 die ersten Viertelzüge der Baureihe 481.

Fahrzeugbau Sie bestehen aus zwei betrieblich nicht trennbaren Wagen, die über eine Kurzkupplung miteinander verbunden sind. Erstmals ist für die Fahrgäste eine Übergangsmöglichkeit zwischen den Wagen vorgesehen. Weil nur in einem Wagen ein Führerstand eingebaut ist, besteht die kleinste einsetzbare Einheit im Halbzug. Der mit dem Führerstand ausgerüstete Teil hat zwei Triebdrehgestelle, der andere ein Trieb- und ein Laufdrehgestell, so dass sechs Achsen des Viertelzugs angetrieben sind.

Der Wagenkasten ist als Stahl-Leichtbaukonstruktion aus Edelstahl hergestellt. Er bietet gegenüber der Ausführung aus Aluminium deutliche Vorteile bei der Instandhaltung sowie bei der Instandsetzung nach Auffahrunfällen.

Die verwindungsweichen Drehgestelle in Stahl-Leichtbauweise basieren auf denen der Baureihe 480. Die Federung ist zweistufig, wobei als Primärfederung eine Gummifeder und als Sekundärfederung eine kombinierte Gummi-Luftfederung gewählt wurde. Der Luftdruck wird bei den 480 belastungsabhängig nachgeregelt.

Die sphärisch gekrümmte Frontscheibe ist in einer Frontmaske aus Kunststoff gelagert. Die Seitenfenster sind optisch zu Doppelfenstern zusammengezogen. Im Gegensatz zu den Zügen der Baureihe 480 sind keine zu öffnenden Fenster vorgesehen. Drei zweiflügelige Schwenkschiebetüren ermöglichen einen schnellen Fahrgastwechsel.

Elektrik Die guten Erfahrungen mit dem Antriebskonzept der Baureihe 480

Weil sechs Achsen eines Viertelzuges angetrieben sind, haben die Züge eine hohe Beschleunigung

führte zu der Entscheidung, auch die Baureihe 481 mit Drehstromantriebstechnik auszustatten. Antriebs- und Laufdrehgestell sind weitgehend analog zur Baureihe 480 ausgeführt. Als Fahrmotoren kommen eigenbelüftete Asynchronmotoren zum Einsatz.

Die Bremsausrüstung mit einer elektrodynamischen und einer elektropneumatischen Bremse entspricht ebenfalls weitgehend der des 480. Je nach Aufnahmefähigkeit des Netzes wird bei der Betriebsbremsung die Bremsenergie rückgespeist oder über Bremswiderstände abgeleitet.

Die Fahrzeuge der Baureihe 481 haben zwar eine Hauptluftleitung als Durchgangsleitung zum Einstellen der Fahrzeuge in einen Wagenzug mit pneumatischer Bremse, über eine rein pneumatische Bremse verfügen sie jedoch nicht. Die Wirkung einer im Falle der Zugtrennung zerrissenen Hauptluftleitung, die zum sofortigen Auslösen einer Schnellbremsung führt, wird beim 481 durch eine elektrische Sicherheitsschleife realisiert.

TECHNISCHE DATEN	
Länge über Kupplung	
Zug (Viertelzug)	36.800 mm
Endwagen	18.400 mm
Mittelwagen	18.400 mm
Achsfolge	Bo'2' + Bo'Bo'
Treibraddurchmesser	820 mm
Laufraddurchmesser	820 mm
Achsstand im Drehgestell	2.200 mm
Gesamter Achsstand	
Endwagen	14.300 mm
Mittelwagen	14.300 mm
Dienstmasse (Zug)	57 t
Höchstgeschwindigkeit	100 km/h
Leistung	6 x 100 kW
Motorbauart	Drehstrom-Asynchronmotor
Antriebsart	Läuferhohlwelle
Anfahrzugkraft	90 kN
Stromsystem	750 V=
Indienststellung	1996 – 2005
Bestand (Herbst 2006)	500 Viertelzüge S-Bahn-Berlin

Die Züge wurden als einzige Baureihe der Berliner S-Bahn rot lackiert und haben schwarze Fensterbänder

Mehr als 670 Vorkriegszüge hatte die DR auf der Berliner S-Bahn noch im Einsatz, als ab 1980 endlich eine neue Baureihe beschafft werden konnte.

Entwicklung Die heutige Reihe 485/885 wurde zunächst als Baureihe 270 bezeichnet. Auf der Leipziger Frühjahrsmesse 1980 wurde ein erster Probezug der Öffentlichkeit vorgestellt. Zwischen 1980 und 1992 wurden 170 Viertelzüge, bestehend aus einem Trieb- und einem Beiwagen in Dienst gestellt. Produzent aller Fahrzeuge war LEW Hennigsdorf bzw. die AEG, die das Werk übernommen hat.

Fahrzeugbau Der selbsttragende Wagenkasten ist in Aluminium-Leichtbauweise unter Verwendung von Groß-Strangpressprofilen gefertigt. Der Wagenboden wurde in den Tragverband des Grundrahmens einbezogen, der auch die Kupplungsträger für die automatische Scharfenbergkupplung an der Stirnfront und die Kurzkupplung zwischen Trieb- und Beiwagen aufnimmt. Zwischen den Wagen gibt es keinen Übergang.

Eine H-förmige Schweißkonstruktion bildet den Rahmen der einheitlich gestalteten Trieb- und Laufdrehgestelle. Der Antrieb ist in Tatzlagerbauweise konstruiert. Zylindrische Schraubenfedern und in Reihe geschaltete Gummifedern übernehmen die Radsatzfederung. Der Wagenkasten stützt sich mit Flexicoil-Federn auf den Drehgestellrahmen ab.

Die vier außenlaufenden Schiebetüren je Wagenseite werden mit Druckknöpfen betätigt und mit Druckluft bewegt. Jeder Viertelzug hat nur einen Führerraum, der durch eine Tür vom Fahrgastraum betreten werden kann.

Elektrik Zwei Schleifer je Wagenseite nehmen die Fahrspannung von der Stromschiene ab. Alle Trieb- und Beiwagen sind mit einer Starkstromleitung durchgekuppelt. Mit einem Gleichstromsteller kann die Fahrspannung stufenlos den Fahrmotoren zugeführt werden. Weiterhin ermöglicht er die Rückführung von Bremsenergie in die Stromschienen.

Die Baureihe 485 verfügt über eine zentrale Zugsteuerung sowie einen elektronischen Schleuder- und Gleitschutz. Neben der elektrodynamischen Bremse sind eine elektropneumatisch bediente Scheibenbremse und eine Federspeicherbremse als Parkbremse vorhanden.

Die kleinste betriebsfähige Einheit besteht aus einem Viertelzug mit zwei Wagen

Wegen ihrer durchgehenden Starkstromleitung können die Züge der Baureihe 485 nicht im gesamten S-Bahn-Netz eingesetzt werden. Sie benötigen an den Netz-Trennstellen besondere Überbrückungsschaltungen.

Abweichend vom üblichen rot/beigen Farbschema der Berliner S-Bahn wurden die Züge zunächst mit roter Lackierung und dunklen Fensterbändern abgeliefert. Sie erhalten aber inzwischen die traditionelle zweifarbige Lackierung mit roter Brüstung und beigefarbenem Fensterband.

Innenraum Beide Teile eines Viertelzugs sind mit Großräumen ausgestattet. Sie enthalten offene Abteile und Traglastenabteile mit in Längsrichtung angeordneten Sitzen. Die Sitze sind gepolstert und mit Kunstleder bezogen, die Wände mit Kunststoffplatten verkleidet. An den Decken sind durchgehende Leuchtenbänder mit Leuchtstofflampen vorhanden.

Einsatz Sämtliche Züge sind in Grünau stationiert und werden bevorzugt auf den Ringlinien sowie auf der S 8 und der S 9 eingesetzt. Sie sind aber auch auf den Querlinien der Stadtbahn anzutreffen.

TECHNISCHE DATEN	
Länge über Kupplung	
Zug (Viertelzug)	36.200 mm
Endwagen	18.150 mm
Mittelwagen	18.050 mm
Achsfolge	Bo'2' + 2'2'
Treibraddurchmesser	850 mm
Laufraddurchmesser	850 mm
Achsstand im Drehgestell	2.500 mm
Gesamter Achsstand	
Endwagen	14.800 mm
Mittelwagen	14.800 mm
Dienstmasse (Zug)	60 t
Höchstgeschwindigkeit	90 km/h
Leistung	4 x 125 kW
Motorbauart	Gleichstrom-Reihenschlussmotor
Antriebsart	Tatzlager
Stromsystem	750 V=
Indienststellung	1985, 1987 – 1992
Bestand (Herbst 2006)	166 Viertelzüge S-Bahn-Berlin

In den drei Wagen mit großen Panoramafenstern finden 65 Reisende in bequemen Sesseln Platz

Ende der 1990er-Jahre beschloss die S-Bahn-Berlin GmbH, ein Fahrzeug in ihren Bestand aufzunehmen, mit dem sie Stadtrundfahrten auf dem Netz der S-Bahn anbieten konnte.

Entwicklung Die Idee hatte sie von den Berliner Verkehrs-Betrieben (BVG) übernommen, die ihre teilweise offenen Doppelstockbusse mit großem Erfolg als Ausflugsfahrzeuge einsetzen.

Die Bahn entschied sich allerdings aus Sicherheitsgründen für ein geschlossenes Fahrzeug, das durch große Panoramafenster einen guten Blick nach draußen gewährleisten sollte.

Auf dem Reißbrett entstand ein dreiteiliger Triebwagen mit zwei angetriebenen Endwagen und einem antriebslosen Mittelwagen. Der Triebwagen sollte besonders hohen Komfort und Bequemlichkeit bieten. Aus Kostengründen zog man den Umbau vorhandener Fahrzeuge einer Neubeschaffung vor. Zum Zeitpunkt des Umbaus standen die beiden Viertelzüge 477 105-1, 877 105-7 und 477 130-9, 877 130-5 zur Untersuchung an, so dass man sie als Spenderfahrzeuge auswählte.

Fahrzeugbau Zunächst wollte man das komplette Fahrwerk und den Kasten der Spenderfahrzeuge übernehmen. Der Zustand des Kastens war aber so schlecht, dass er nicht mehr als Basis dienen konnte. Deshalb wurden nur die Drehgestelle und das Untergestell übernommen. Der Rest wurde in der Hauptwerkstatt Schöneweide, die den kompletten Zug fertigte, neu gebaut.

Die Drehgestelle bestehen aus einem H-förmigen Stahlrahmen mit geschweißten Kastenträgern. Schrauben und Gummifedern stellen die Verbindung zwischen den Radsätzen und dem Drehgestellrahmen her.

Jeder Wagenteil hat nur eine große zweiflügelige Schwenkschiebetür, die einen ebenerdigen Einstieg vom Bahnsteig aus erlaubt. Die großen Panoramafenster sind durch besonders schmale Fensterstiele voneinander getrennt und reichen weit in den Dachbereich hinein. Stirnübergänge ermöglichen es den Fahrgästen, durch den ganzen Zug zu gehen.

Elektrik Den Antrieb übernehmen vierpolige Gleichstrom-Reihenschluss-

Die Panorama-S-Bahn startet an den Wochenenden am Ostbahnhof zu ihren Rundfahrten

motoren mit Wendepolwicklung. Sie übertragen ihr Drehmoment über Tatzlager auf die Radsätze. Die elektrischen Einrichtungen zur Steuerung des Zuges mit Nockenschaltwerk und den 15 Fahrstufen wurden von den Spenderwagen übernommen.

Innenraum Im Innenraum des Zuges befinden sich große bequeme Einzelsitze mit Armlehnen für insgesamt 65 Reisende. Die Sitze sind weich gepolstert und mit rotem Stoff bezogen. An einer kleinen Bar im Mittelwagen können Getränke und kleine Snacks geordert werden. Im Mittelwagen sind zwei Stellplätze für Rollstühle.

Einsatz Bereits am 20. Januar 1999 wurde der noch nicht betriebsfähige Panoramazug in der Hauptwerkstatt Schöneweide der Presse vorgestellt. Im August 1999 wurde er zum 75-jährigen Jubiläum der elektrischen S-Bahn der Öffentlichkeit präsentiert.

Der Zug startet meist am Wochenende um 11.00 Uhr im Ostbahnhof und fährt entweder über die Stadtbahn oder die Ringbahn wieder zurück zum Ostbahnhof. Er kann aber auch für Firmenausflüge oder andere Gelegenheiten gechartert werden.

TECHNISCHE DATEN	
Länge über Kupplung	
Zug	54.065 mm
Endwagen	17.430 mm
Mittelwagen	18.405 mm
Achsfolge	Bo'Bo' + 2'2' + Bo'Bo'
Treibraddurchmesser	900 mm
Laufraddurchmesser	900 mm
Achsstand im Drehgestell	2.500 mm
Gesamter Achsstand	
Endwagen	14.475 mm
Mittelwagen	14.825 mm
Dienstmasse (Zug)	125,4 t
Höchstgeschwindigkeit	80 km/h
Leistung	8 x 63 kW
Motorbauart	Gleichstrom-Reihenschlussmotor
Antriebsart	Läuferhohlwelle
Anfahrzugkraft	90 kN
Stromsystem	750 V=
Indienststellung	1998
Bestand (Herbst 2006)	1 Zug S-Bahn-Berlin

Verbrennungstriebwagen

Die vierteiligen Züge der Baureihe 605 haben Neigetechnik und einen dieselelektrischen Antrieb

Um auf kurvenreichen und nicht elektrifizierten Strecken die Geschwindigkeit und den Fahrkomfort erhöhen zu können, bestellte die DB Ende der 1990er-Jahre die Diesel-ICE-TD der Baureihe 605.

Entwicklung Bereits 1996 wurde ein Konsortium der Firmen Siemens, DUEWAG und DWA mit dem Auftrag zur Entwicklung des Neigezugs gebildet.

Gebaut wurden die Wagen zwischen 1999 und 2001. Siemens lieferte die Drehgestelle samt Neigetechnik und Elektrik, Fiat Ferroviaria stellte im Auftrag der DWA die Rohbauten der Endwagen her. Die Endfertigung der Triebwagen wurde bei DWA/Bombardier in Ammendorf durchgeführt. Bei der DB erhielten die Fahrzeuge die Bauartnummer 605. Jeder der Züge besteht immer aus den Wagen 605^0, 605^1, 605^2 und 605^5.

Im April 1999 fanden im Prüfcenter in Wegberg-Wildenrath die ersten Probefahrten statt. Am 13. Februar 2000 stellte der Zug 2 auf der Strecke Göttingen – Hannover mit einer Höchstgeschwindigkeit von 222 km/h einen neuen Weltrekord für Dieselfahrzeuge auf.

Fahrzeugbau Sämtliche Wagenkästen sind in Aluminium-Integralbauweise gefertigt und bestehen aus einer querträgerfreien Bodenplatte, auf die sich ein beblechtes Aluminiumgerippe aufbaut. An den Wagenenden sind stabile Rammkonstruktionen eingearbeitet. Die Reisenden gelangen durch Übergänge mit Wellenbälgen in die Nachbarwagen. An den Endwagen sind Stoßverzehrelemente und ein Unterfahrschutz integriert. Der Zugang zu den Wagen erfolgt durch einflügelige Schiebetüren. Sämtliche Fenster sind von außen auf den Wagenkasten geklebt.

Die Drehgestelle der Bauart SF 600 von Siemens-SGP sind als offener H-Rahmen gestaltet und mit Schraubenfedern sowie parallelen hydraulischen Dämpfern bestückt.

Der Wagenkasten liegt auf der oberen Traverse auf, die mit der unteren Traverse über einen Pendelträger und elektromechanische Stellglieder verbunden ist.

Antrieb Jeder Wagen wird von einem unterflur aufgehängten Sechs-Zylinder-Cummins-Dieselmotor Typ QSK 19-R 750 auf zwei Achsen angetrieben. Die Motoren haben Ladeluftkühlung und Abgasturbolader. Die Dieselmotoren treiben Drehstrom-Synchrongenerato-

Jeweils zwei Achsen eines jeden Wagens der vierteiligen Züge sind angetrieben und ermöglichen eine Höchstgeschwindigkeit von 200 km/h

ren an, die ihre elektrische Energie an Asynchronfahrmotoren weiterleiten. Diese sind in den Drehgestellen aufgehängt.

Innenraum Die Sitze in den Großräumen sind in Reihen- und in Vis-à-vis-Bestuhlung angeordnet. In den 605² ist ein kleines Restaurant und das Zugführerabteil untergebracht. Das Fahrgastinformationssystem (FIS) ist u. a. mit einer Lautsprecheranlage und Zugzielanzeigern ausgestattet.

Einsatz Die DB setzte die Züge zunächst auf den Strecken Hof – Dresden und München – Lindau – Zürich ein. Technische Probleme erzwangen 2003 die Abstellung der Neige-ICE. Sie wurden durch lokbespannte Züge oder weiß lackierte Triebwagen der Baureihe 612 ersetzt. Mehrere Versuche, die Züge ins Ausland zu verkaufen schlugen fehl. Zur Fußball-Weltmeisterschaft 2006 wurden einige reaktiviert und im Sonderverkehr eingesetzt. Inzwischen ist die Umbeheimatung nach Hamburg geplant.

TECHNISCHE DATEN		
Länge über Kupplung		
Zug (4-teilig)		106.700 mm
Endwagen		27.000 mm
Mittelwagen		25.000 mm
Achsfolge		2'Bo' + Bo'2' + 2'Bo' + Bo'2'
Treibraddurchmesser		860 mm
Laufraddurchmesser		860 mm
Achsstand im Drehgestell		2.600 mm
Gesamter Achsstand		21.600 mm
Dienstmasse		219 t
Höchstgeschwindigkeit		200 km/h
Leistung		4 x 560 kW
Motorbauart	Dieselmotor	6-Zylinder-Motor
	Elektromotor	Drehstrommotor
Leistungsübertragung		elektrisch
Antrieb		Bogenzahlkupplung
Anfahrzugkraft		160 kN
Indienststellung		2001
Bestand (Herbst 2006)		19 Züge DB Fernverkehr

Das mechanische Neigesystem der zweiteiligen Wagen wurde von Fiat entwickelt

Um kürzere Fahrzeiten auf nicht ausgebauten Strecken zu erreichen, beschaffte die DB mit der Baureihe 610 erstmals in größerem Umfang Triebzüge mit Neigetechnik.

Entwicklung Die Baureihe 610 ermöglicht Dank ihrer Neigetechnik ein schnelleres Durchfahren der Kurven, so dass die Fahrzeiten verkürzt werden können. Vorbilder waren die italienischen Neitechzüge der Bauart „Pendolino“ und der spanische „Talgo“.

1992/93 beschaffte die DB zwanzig zweiteilige Züge, die die Nummern 610 001-0/501-9 bis 610 020-0/520-9 erhielten. MAN trat als Generalunternehmer beim Bau auf, DUEWAG, ABB und Siemens waren mitbeteiligt.

Fahrzeugbau Die Wagenkästen der Fahrzeuge bestehen aus Aluminium-Pressprofilen in geschweißter und selbsttragender Bauweise. Sie ruhen auf je zwei zweiachsigen Drehgestellen. Die gleisbogenabhängige Wagenkastensteuerung von Fiat bewegt bei Bogenfahrten den freischwingend aufgehängten Wagenkasten. Beschleunigungsmesser und Sensoren erkennen Beginn und Ende der Kurven und steuern Hydraulikzylinder, die die Wagenkästen um maximal 8° neigen. Auf diese Weise wird die Seitenbeschleunigung vermindert.

Der Einstieg erfolgt durch vier einflügelige Schiebetüren je Wagenseite. Die beiden Wagenhälften sind über eine verschraubte Kurzkupplung mit Hydraulikfedern miteinander verbunden. Über automatische Mittelpufferkupplungen können mehrere Züge dieser Baureihe miteinander verbunden werden.

Neben den Schraubenfedern sorgt eine pneumatisch aktive Querfederung zwischen den zweiachsigen Drehgestellen und dem Wagenkasten dafür, dass der Kasten immer genau mittig über den Drehgestellen bleibt.

Antrieb Zwei 485 kW starke, wassergekühlte MTU-Dieselmotoren mit zwölf Zylindern und Ladeluftkühlung treiben die Wagen an. Beide Motoren sind an Drehstromsynchrongeneratoren gekuppelt. Die Drehstromfahrmotoren treiben über Gelenkwellen das Radsatzgetriebe des innenliegenden Radsatzes jedes motorisierten Drehgestells an. Das vierte Drehgestell ist antriebslos.

Bis zu vier Triebzüge können mit der Vielfachsteuerung von einem Führer-

Seit einiger Zeit sind die Wagen nur noch im verkehrsroten Anstrich im Raum Nürnberg anzutreffen

stand aus bedient werden. Die induktive Zugsicherung (Indusi) wird durch eine punktförmige Zugbeeinflussung ergänzt, die in Gleisbögen die zulässige Geschwindigkeit überprüft.

Innenraum Die Fahrgasträume sind als offene Großräume ausgeführt. Die 1. Klasse hat im 610^5 ihren Platz gefunden. Über den gepolsterten Sitzen sind Gepäckablagen. Etwa die Hälfte der Sitze ist in Reihe aufgestellt, die restlichen stehen sich gegenüber und bilden offene Abteile mit Klapptischen. Die Toilette befindet sich in der Mitte der Doppelwagen.

Einsatz Die als „Pendolino" bekannten Wagen werden im schnellen Bezirksverkehr von Nürnberg in Richtung Oberpfalz bzw. Oberfranken eingesetzt. Dabei sind sie auch als Flügelzüge unterwegs, d. h. mehrere gekuppelte Züge trennen oder verbinden sich an Verzweigungsstationen, z. B. in Schnabelwaid.

Im Februar 2005 ließ die DB die Neigetechnik stilllegen, weil der Hersteller einer neuen Software deren einwandfreie Funktion nicht garantieren konnte. Inzwischen sind die Probleme behoben und Wagen fahren wieder „bogenschnell".

TECHNISCHE DATEN	
Länge über Kupplung	
Zug (2-teilig)	51.750 mm
Endwagen	25.875 mm
Achsfolge	2'(A1)' + (1A)'(A1)'
Treibraddurchmesser	890 mm
Laufraddurchmesser	890 mm
Achsstand im Drehgestell	2.450 mm
Gesamter Achsstand	19.950 mm
Dienstmasse	95,4 t
Maximale Radsatzlast	13,4 t
Höchstgeschwindigkeit	160 km/h
Leistung	2 x 485 kW
Motorbauart Dieselmotor	12-Zylinder-Motor
Elektromotor	Drehstrommotor
Leistungsübertragung	elektrisch
Antrieb	Gelenkwellen, Radsatzgetriebe
Indienststellung	1992 – 1993
Bestand (Herbst 2006)	20 Züge DB Regio

Im Gegensatz zur Vorgängerbaureihe 610 hat die Baureihe 611 eine hydraulische Kraftübertragung und eine elektronisch gesteuerte Neigetechnik

Nach dem Erfolg der Baureihe 610 in Bayern wollten auch andere Bundesländer solche Züge einsetzen. Dies führte zur Bestellung der Baureihe 611 bei ADtranz.

Entwicklung Ab Ende 1996 erhielt die DB 50 zweiteilige Züge (611 001-9/501-8 bis 611 050-6/550-0). Die Züge sind mit dem elektronisch gesteuerten Neigesystem „neicontrol E“ ausgestattet. Mechanische Schwierigkeiten führten bald nach der Ablieferung zu einem zeitweiligen Abnahme- und Einsatzstopp.

Fahrzeugbau Der Wagenkasten lehnt sich in seiner Konstruktion aus Leichtbau-Strangpressprofilen an die Baureihe 610 an. Er ist komplett geschweißt und selbsttragend. Für die Reisenden stehen vier Schiebetüren an den Enden und in der Mitte des Zuges zur Verfügung.

Die Fenster sind fest montiert und können teilweise oben nach innen geöffnet werden. Beide Wagenteile sind durch eine im Betrieb nicht lösbare Kupplung und einen Faltenbalgübergang verbunden. An den Stirnseiten befinden sich automatische Kupplungen der Bauart Scharfenberg, mit denen mehrere Züge mechanisch und elektrisch zu einer Einheit verbunden werden können.

Die Drehgestelle aus einem kastenförmigen Rahmen und sind mit Schraubenfedern (primär) und Luftfedern (sekundär) ausgestattet. Die beiden mittleren Drehgestelle sind angetrieben.

Die Neigetechnik ist komplett in die Drehgestelle integriert und ermöglicht eine Neigung des Wagenkastens um bis zu 8°. Sensoren greifen die in den Gleisbögen auftretenden Kräfte auf und übermitteln elektrische Signale an die Neigeelektronik, die ihrerseits Stellmotoren anspricht. Diese übertragen ihr Drehmoment über ein Stirnradgetriebe und einen Spindelantrieb auf Gelenkhebel, die den Wagenkasten neigen.

Antrieb Je Triebwagenhälfte ist ein Zwölf-Zylinder-Dieselmotor des MTU-Typs 12 V 183 TD 13 schwingungsisoliert unterflur am Fahrzeugrahmen aufgehängt. Im Gegensatz zur elektrischen Kraftübertragung beim Vorgängermodell 610

Bis zu vier Triebzüge können dank moderner Bustechnik von einem Führerstand aus ferngesteuert werden

wurde die seitens der DB beliebtere hydraulische Kraftübertragung gewählt. Über ein mikroprozessorgesteuertes, hydrodynamisches Voith-Strömungsgetriebe mit Wandler-Kupplung und Gelenkwellen wird die Kraft auf die Achstriebe beider Radsätze des Triebgestells übertragen.

Die Steuerung der Fahrzeuge erfolgt durch die elektronische Leittechnik „Geatec II“. Sie verfügt über einen 32-Bit-Prozessor mit Multi-Bustechnik. Damit können bis zu vier Triebwagen von einem Führerstand aus bedient werden.

Innenraum In den Wagen befinden sich offene Großräume mit Vis-à-vis- und Reihenbestuhlung. Die gepolsterten Einzelsitze zeigen das „RegionalBahn“-Design. Ein Leuchtenband an der Wagendecke sorgt für Helligkeit in den Innenräumen. Am Wagenende des 611^{5} ist das 1.-Klasse-Abteil zu finden.

Einsatz Nach vielen Anlaufschwierigkeiten sind die Triebwagen nun in Ulm beheimatet. Sie werden von dort als InterRegioExpress-Züge (IRE) oft in Doppel- oder gar Dreifach-Traktion u. a. nach Stuttgart, Tübingen und Aulendorf eingesetzt.

TECHNISCHE DATEN	
Länge über Kupplung	
Zug (2-teilig)	51.750 mm
Endwagen	25.400 mm
Achsfolge	2'B' + B'2'
Treibraddurchmesser	890 mm
Laufraddurchmesser	890 mm
Achsstand im Drehgestell	2.450 mm
Gesamter Achsstand	19.950 mm
Dienstmasse	116 t
Höchstgeschwindigkeit	160 km/h
Leistung	2 x 540 kW
Motorbauart	12-Zylinder-V-Motor
Leistungsübertragung	hydraulisch
Antrieb	Gelenkwellen, Radsatzgetriebe
Anfahrzugkraft	120 kN
Indienststellung	1997 – 1998
Bestand (Herbst 2006)	50 Züge DB Regio

Mit Ausnahme der glasfaserverstärkten Führerhäuser und weniger anderer Details entsprechen die 612 der Vorgängerbaureihe 611

Basierend auf dem Vorgängermodell 611 wurde die Baureihe 612 als „Regio-Swinger" mit modifizierter Kopfform und Inneneinrichtung konzipiert.

Entwicklung Dabei wurde im Großen und Ganzen die Konstruktion der Baureihe 611 übernommen. Neu sind jedoch die aus glasfaserverstärktem Kunststoff hergestellten Führerhäuser.

Fahrzeugbau Moderne Leicht- und Integralbauweise dominiert die Struktur des zweiteiligen Zuges. Die Wagenkästen bestehen aus Aluminium-Groß-Strangpressprofilen. Längsgeschweißte Hohlkammerprofile sind zu Boden-, Seitenwand- und Dachelementen zusammengefügt. Alle metallischen Überlappungen sind zum Schutz gegen Korrosion mit einer PUR-Dichtmasse versiegelt. Die Wagen sind mit der elektronischen Neigeeinrichtung AEG-Neicontol-E von ADtranz ausgestattet. Sie ermöglicht das Neigen des Kasten um 8° in beide Richtungen. Beim Kurvenlauf werden von Sensoren die Ausschläge der Drehgestelle erfasst und über eine Elektronik an die Stellmotoren weitergeleitet. Ein bürstenloser Servomotor überträgt sein Drehmoment über ein Stirnradgetriebe und einen linearen Spindelantrieb auf den Wagenkasten. Die Drehgestelle bestehen aus einem Hauptrahmen, der über primäre und sekundäre Luftfedern mit dem Wagenkasten verbunden ist. Durch vier einfache Schwenkschiebetüren je Längsseite können die Reisenden ein- und aussteigen. Ein Faltenbalg sichert den Übergang zwischen den beiden Wagenteilen.

Antrieb In jeder Wagenhälfte übernimmt ein direkteinspritzender, elektronisch geregelter Sechs-Zylinder-Cummins-Dieselmotor der Bauart QSK R-19 750 mit Abgasturbolader und Ladeluftkühlung den Antrieb. Ein Voith-Strömungsgetriebe der Bauart Tr 312 b überträgt das Drehmoment des Motors auf die in der Mitte der Doppelwagen angeordneten Drehgestelle. Mit Ausnahme der Klimaeinrichtungen sind alle Aggregate unterflur angeordnet.

Innenraum Die Wagen sind in beiden Klassen als Großräume eingerichtet.

Die Triebwagen der Baureihe 612 sind für den schnellen Regionalverkehr auf nicht elektrifizierten Strecken zuständig und überwiegend im Osten und Westen Deutschlands zu finden

Das 1.-Klasse-Abteil hat seinen Platz hinter dem Führerraum des 612° gefunden. Der Mehrzweckraum ist am mittleren Ende des 612° untergebracht. Die festen Sitze sind sowohl in Reihe als auch vis-à-vis angeordnet und mit blauem Stoff bezogen. Kopfpolster, Armlehnen und Längsgepäckablagen ergänzen die Ausstattung.

Sämtliche Triebwagen wurden in Verkehrsrot geliefert.

Einsatz Die zu DB Regio gehörenden Wagen wurden 2006 im schnellen Regionalverkehr von den Betriebshöfen Dresden, Erfurt, Halle, Hof, Kaiserslautern, Kempten und Leipzig im Regionalverkehr eingesetzt.

2003 übernahmen Wagen aus Hof den Dienst der ausgefallenen Baureihe 605. Die Fahrzeuge, die dafür zur DB Fernverkehr wechselten, bekamen den weißen ICE-Anstrich und ihre Ordnungsnummer wurde um 400 erhöht. Ihr Innenraum blieb unverändert.

Sie wurden inzwischen von lokbespannten Zügen verdrängt und an DB Regio zurückgegeben. Der unter der Regie und auf Kosten von ADtranz entwickelte Prototyp 612 901-9/902-7 gehört der DB Systemtechnik und wird zur Erprobung neuer Komponenten verwendet. 2006 war er in Minden beheimatet.

TECHNISCHE DATEN	
Länge über Kupplung	
Zug (2-teilig)	51.750 mm
Endwagen	25.400 mm
Achsfolge	2'B' + B'2'
Treibraddurchmesser	890 mm
Laufraddurchmesser	890 mm
Achsstand im Drehgestell	2.450 mm
Gesamter Achsstand	19.950 mm
Dienstmasse	108 t
Höchstgeschwindigkeit	160 km/h
Leistung	2 x 559 kW
Motorbauart	6-Zylinder-Motor
Leistungsübertragung	hydrodynamisch
Antrieb	Gelenkwellen, Radsatzgetriebe
Indienststellung	seit 2000
Bestand (Herbst 2006)	190 Züge
	DB Regio, DB Systemtechnik

Bei den Zügen wurden inzwischen die Gepäckräume hinter den Führerräumen entfernt

Weil Bedarf an weiteren Dieseltriebwagen für den Bezirksverkehr bestand, entwickelte die DB aus der Baureihe 624 ab 1971 die Reihe 614 in modernerem Design.

Entwicklung MAN und die Waggonfabrik Uerdingen waren am Bau der 42 dreiteiligen Züge beteiligt, deren Motorwagen als 614 001-6 bis 084-2 eingereiht wurden, während die antriebslosen Mittelwagen als 914 001-3 bis 042-7 bezeichnet wurden. Die Auslieferung erfolgte von 1971 bis 1977.

Fahrzeugbau Die Wagenkästen sind in selbsttragender Leichtbauweise erstellt und im Fensterbereich leicht eingezogen, um eine Neigung des Wagenkastens bis 4° zu ermöglichen.

Die geschweißten, verwindungsweichen MAN-Drehgestelle haben H-förmige Träger aus Kastenhohlprofilen. Luftfedern dienen der Abstützung der Wagenkästen auf die Fahrwerke und bewirken eine leichte Neigung der Züge beim Bogenlauf. An den Zugenden sind herkömmliche Zug- und Stoßvorrichtungen vorhanden, während die Wagen untereinander mit Scharfenberg-Kupplungen verbunden werden, die auch die elektrischen Leitungen und die Bremsleitungen mitkuppeln.

Die Türen sind als doppelflügelige Schwenkschiebetüren ausgeführt. Die ursprünglichen Übersetzfenster wurden gegen neue Fenster ausgetauscht, von denen jedes zweite einteilig und nicht zu öffnen ist.

Inzwischen sind alle Wagen außer den 614 005-7 und 006-5 verkehrsrot. Dieser Zug bekam seinen originalen Anstrich in Orange/Kieselgrau zurück.

Antrieb In jedem Motorwagen überträgt ein Zwölf-Zylinder-Dieselmotor die Antriebskraft über eine kurze Gelenkwelle zum Getriebe und weiter über eine lange Gelenkwelle zu den Radsatzgetrieben des äußeren Drehgestells. Bei Leerlauffahrten tritt eine Leerlaufbelastungseinrichtung in Aktion, die den Abgasausstoß vermindert.

Im Rahmen von Aufarbeitungen wurden diese Motoren ab 1998 bei vielen Triebwagen durch leistungsstärkere 16-Zylinder-Maschinen ersetzt.

Die 614 005-7 und 006-5 trugen 2006 wieder ihre ursprüngliche Lackierung in Orange und Grau

Mit Hilfe der Vielfachsteuerung können mehrere Züge von einem Führerstand aus bedient werden.

Gebremst wird mit einer mehrlösigen Druckluft-Scheibenbremse mit elektronischem Gleitschutz. Die benötigte Druckluft wird in einem Luftpresser erzeugt.

Sifa, Indusi und Zugbahnfunk gehören ebenso zur Ausstattung wie eine Lautsprecheranlage zur Information der Reisenden.

Innenraum Die Inneneinrichtung weist in den Motorwagen einen 2.-Klasse-Großraum und zwei offene 1.-Klasse-Abteile auf. Die kleinen Gepäckräume hinter den Führerräumen wurden im Zuge von Modernisierungsmaßnahmen entfernt und der Fahrgastraum vergrößert. In den Mittelwagen der Baureihe 914 sind die drei Großräume der 2. Klasse jeweils durch die Einstieg voneinander getrennt.

Einsatz Die Triebwagenzüge der Baureihe 614 werden von Braunschweig und Nürnberg aus im Regionalverkehr eingesetzt. 1997 wurde der Triebzug 614 003-2,914 002-1, 614 004-0 mit einer von Talbot entwickelten Neigetechnik ausgestattet.

TECHNISCHE DATEN	
Länge über Kupplung	
Zug (3-teilig)	79.460 mm
Endwagen	26.650 mm
Mittelwagen	26.160 mm
Achsfolge	B'2' + 2'2' + 2'B'
Treibraddurchmesser	950 mm
Laufraddurchmesser	900 mm
Achsstand im Drehgestell	2.500 mm
Gesamter Achsstand	21.500 mm
Dienstmasse	124 t
Höchstgeschwindigkeit	140 km/h
Leistung	2 x 367 oder 2 x 448 kW
Motorbauart	12- oder 16-Zylinder Motor
Leistungsübertragung	hydraulisch
Antrieb	Gelenkwellen, Radsatzgetriebe
Indienststellung	1971 – 1976
Bestand (Herbst 2006)	40 +1 z Züge DB Regio

Triebwagen der Baureihe 634 sind mit einer gleisbogenabhängigen Wagenkastensteuerung ausgestattet

Als Ersatz für die Vorkriegsdieseltriebwagen entwickelte das BZA München zusammen mit MAN und der Waggonfabrik Uerdingen einen dreiteiligen Triebzug, die heutige Baureihe 624.

Entwicklung Durch eine gleisbogenabhängige Wagenkastensteuerung (GSt) versprach sich die DB einen höheren Fahrkomfort. Nach einer Versuchsphase wurden 25 Triebwagen und 17 Mittelwagen der Baureihen 624/924 mit der GSt ausgestattet. Die Fahrzeuge behielten ihre Ordnungsnummern, wurden aber der neuen Baureihe 634/934 zugewiesen. Sie konnten für 140 km/h zugelassen werden. Mittlerweile ist die GSt jedoch wieder außer Betrieb gesetzt.

Fahrzeugbau Wagenkästen und Untergestelle sind in verwindungssteifer Stahlleichtbauweise hergestellt und komplett geschweißt. Sie stützen sich über Schraubenfedern und Gummihohlfedern auf die zweiachsigen Drehgestelle der Bauart München-Kassel ab. Diese bestehen aus einem geschweißten H-Rahmen.

Mit Hilfe der normalen Schraubenkupplungen und Seitenpuffer an den Enden können zusätzliche Wagen mitgeführt werden. Die Wagen der Triebzüge sind durch automatische Mittelpufferkupplungen der Bauart Scharfenberg, die auch Brems- und elektrische Leitungen kuppeln, miteinander verbunden. Die Reisenden können durch geschlossene Übergänge von einem Ende des Zugs bis zum anderen durchgehen.

Alle Wagen sind mit einer mehrlösigen Scheibenbremse der Bauart Knorr KE-GP-A (D) ausgestattet. Diese hat eine automatische Lastabbremsung und einen Gleitschutzregler. Alle Triebwagen tragen inzwischen den verkehrsroten Anstrich.

Antrieb Ein schwingungsgedämpfter, unterflur aufgehängter Zwölf-Zylinder-Dieselmotor vom Typ MAN D 3650 HM 1 U treibt über ein hydraulisches Getriebe von Voith oder über ein hydromechanisches Getriebe und Gelenkwellen die Radsatzgetriebe der Achsen des äußeren Drehgestells an. Der Motor hat einen elektrischen Anlasser und Wasserkühlung.

Die dreiteiligen Triebwagen wurden für den Vorortverkehr in Ballungszentren beschafft

Eingebaut sind auch eine Vielfachsteuerung, Sifa, Indusi und Zugbahnfunk.

Innenraum Die Innenausstattung ähnelte den Nahverkehrswagen der „Silberling"-Typen mit offenen Abteilen und kunstlederbezogenen Sitzen.

Seit der Modernisierung sind die Fahrzeuge dem RegionalBahn-Standard angeglichen. Dabei wurden u. a. die ursprünglichen Übersetzfenster gegen neue, teilweise feste Fenster ausgetauscht. An Stelle der Gepäckräume hinter den Führerräumen wurden Fahrgasträume eingerichtet.

Die Mittelwagen 924 200-9 und 201-7 sind als Gesellschaftswagen mit kleiner Bar und Tanzfläche eingerichtet. Sie werden bei Bedarf in die Triebwagen eingereiht.

Einsatz Zum Fahrplanwechsel am 12. Dezember 2004 endeten die planmäßigen Einsätze der Baureihen 624 und 634 samt Mittelwagen. Die Züge sind zwar noch im Bestand der Deutschen Bahn, aber von Untersuchungen zurückgestellt. Sie sind in Osnabrück und Braunschweig beheimtet.

Einige Wagen hat die DB an die polnischen Eisenbahnen PKP abgegeben, die die verkehrsroten Züge als Baureihe SA 110 in ihren Bestand aufnahm und auf den Strecken Goleniów – Kolobrzeg, Slawno – Darlowo und Runowo – Szczecinek einsetzt.

TECHNISCHE DATEN	
Länge über Kupplung	
Zug (3-teilig)	79.460 mm
Endwagen	26.650 mm
Mittelwagen	26.160 mm
Achsfolge	B'2' + 2'2' + 2'B'
Treibraddurchmesser	950 mm
Laufraddurchmesser	900 mm
Achsstand im Drehgestell	2.500 mm
Gesamter Achsstand	21.500 mm
Dienstmasse	118; 120,5* t
Höchstgeschwindigkeit	120; 140* km/h
Leistung	2 x 331 kW
Motorbauart	12-Zylinder-Boxermotor
Leistungsübertragung	hydraulisch
Antrieb	Gelenkwellen, Radsatzgetriebe
Indienststellung	1964 – 1968, 1969 – 1978*
Bestand (Herbst 2006)	27 z +25 z* Triebköpfe DB Regio

* Baureihe 634

Die Triebwagen der Baureihe 628 sind die Nachfolger der Schienenbusse der Baureihe 798

1986 beschaffte die DB eine Großserie zweiteiliger Dieseltriebwagen für den Nahverkehr. Die Baureihe 628^2 erwies sich als gelungene Konstruktion.

Entwicklung DUEWAG, LHB und MBB traten 1986 bis 1989 als Lieferanten der 150 zweiteiligen Züge auf, die mit den Nummern 628/928 201 bis 628/928 350 in den Bestand eingereiht wurden. Die vielseitigen Einsatzmöglichkeiten des 628 verlangten nach weiteren Fahrzeugen, die mit geringen Änderungen als Baureihe 628^4 in den Bestand übernommen wurden. Zwischen 1992 und 1996 verließen in mehreren Bauserien 309 Züge die Werke von AEG, DUEWAG und LHB. Sie erhielten die Betriebsnummern 628/928 401 bis 628/928 709.

Fahrzeugbau Durch den Einbau eines Faltenbalgs statt eines Gummiwulsts wurde die Durchgangsbreite zwischen den beiden Fahrzeugen vergrößert. Von der Vorgängerbauart 628^2 unterscheiden sich die Züge der Baureihe 628^4 durch den vergrößerten, zweitürigen Einstieg am Kurzkupplungsende und durch Unterfahrbleche unter den Puffern.

Antrieb Technisch konnte die Konzeption des 628^1 größtenteils übernommen werden. Der Antrieb erfolgt vom Zwölf-Zylinder-Dieselmotor über eine Gelenkwelle und ein Zweiwandler-Getriebe auf die beiden Achsen des hinteren Drehgestells. Auch die Technik des 628^4 unterscheidet sich nur wenig vom Vorgänger 628^2. Es wurde lediglich ein anderes Getriebe eingebaut.

Alle Züge erhielten bei Ablieferung den türkis/lichtgrauen Anstrich. Seit 1997 werden sie verkehrsrot lackiert.

Innenraum Im Gegensatz zur Baureihe 628^1 bietet der Steuerwagen 928^2 ein Abteil 1. Klasse. Die Innenräume wurden als Großräume mit offenen Abteilen und einer 2+2-Sitzaufteilung eingerichtet. Außerdem sind eine Toilette und ein Traglastenabteil vorhanden.

Zweiteiliger RegionalBahn-Triebwagen 628, 629

Die Unterbauart 628^4 unterscheidet sich durch Doppeltüren am Kurzkupplungsende von den Vorgängern

Einsatz Die Fahrzeuge werden in ganz Deutschland sowohl einzeln als auch in Doppeltraktion eingesetzt.

Die vier Züge 628 405-3 bis 408-7 wurden von Beginn an nicht der DB, sondern den Eisenbahnen und Verkehrsbetrieben Elbe-Weser übergeben.

Die Züge 628 505-0 und 506-8 sind im Besitz der Luxemburgischen Staatseisenbahnen (CFL) und werden von der DB grenzüberschreitend eingesetzt.

Die in Ulm beheimateten 628 333-7 bis 350-1 wurden der DB ZugBus RAB (Regionalbahn Alb-Bodensee) zugeordnet, während die anderen Wagen zu DB Regio gehören.

Die in Kassel beheimateten 628 432-7 und 433-5 gehören zur Kurhessenbahn (KHB).

Die in Mühldorf beheimateten Triebwagen wurden inzwischen von der SüdostBayernBahn (SOBB) übernommen.

Für den Einsatz auf den Steilstrecken rund um Kaiserslautern entstanden sechs Triebwagen mit je zwei Maschinenanlagen, also mit doppelter Leistung. Sie werden von der DB als Baureihe 628^9/629 geführt. Die Triebwagen 628 679-3 und 680-1 gehören den rumänischen Eisenbahnen CFR.

TECHNISCHE DATEN	
Länge über Kupplung	
Zug (2-teilig)	45.400; 46.400* mm
Endwagen	22.700; 23.200* mm
Achsfolge	2'B' + 2'2'; 2'B' + B'2'**
Treibraddurchmesser	760 mm
Laufraddurchmesser	760 mm
Achsstand im Drehgestell	1.900 mm
Gesamter Achsstand	17.000 mm
Dienstmasse	66,9; 69,9*; 84** t
Höchstgeschwindigkeit	120 km/h
Leistung	410; 485*; 2 x 485** kW
Motorbauart	12-Zylinder-Motor
Leistungsübertragung	hydraulisch
Antrieb	Gelenkwellen, Radsatzgetriebe
Indienststellung	1987 – 1995
Bestand (Herbst 2006)	444 + 2 z; 8** Züge
	DB Regio, KHB, SOBB, RAB

* Baureihe 628^4 ff, ** Baureihe 628^9+629

Im Niederflurbereich in der Mitte des Wagens sind ein Mehrzweckraum und die Toilette untergebracht

Die einteiligen Triebwagen der Baureihe 640 („LINT 27") gehören zu den neueren Regional- und Nahverkehrsfahrzeugen der DB. Sie entstanden bei Alstom-LHB im niedersächsischen Salzgitter.

Entwicklung Das Fahrzeug für Nebenstrecken wurde aus dem Leichttriebwagenkonzept „LINT" (**L**eichter **I**nnovativer **N**ahverkehrs**t**riebwagen) abgeleitet. Alstom-LHB in Salzgitter entwickelte mit dem „LINT" ein Baukastensystem für ein- und zweiteilige Leichttriebwagen, letztere als Gelenk- oder Doppeltriebwagen.

1999 gingen die ersten Wagen der Baureihe 640 in Betrieb. Im Jahr 2000 entschloss sich die DB zur Beschaffung zweiteiliger Fahrzeuge und reihte als Baureihe 648 ein.

Fahrzeugbau Die verwindungssteifen Wagenkästen wurden aus nichtrostenden Stählen in Leichtbau gefertigten. Sie entsprechen der UIC-Forderung nach einer statischen Belastbarkeit von 1.500 kN Prüfkraft in Längsrichtung. Die Dächer in Gerippebauweise bestehen aus abgekanteten Profilen. Die Seitenwand- und Dachbleche sind von außen auf das Kastengerippe aufgeschweißt. Für die Köpfe wurden glasfaserverstärkte Kunststoffteile (GfK) mit dem Wagenkasten verklebt. Das Untergestell ist an beiden Enden verstärkt, um Schäden bei Unfällen zu verringern.

Alle Fenster sind einteilig und können nicht geöffnet werden. Der Zugang zu den Fahrzeugen erfolgt durch zweiflügelige Schiebetüren in den mittleren, niederflurigen Bereichen der Triebwagen.

Die baugleichen Trieb- und Laufdrehgestelle bestehen aus einem geschweißten H-Rahmen mit Kastenprofilen. Die Luftfederung wird durch Schwingungs- und Schlingerdämpfer ergänzt.

Das dreistufige Bremssystem besteht aus einer hydrodynamischen Retarderbremse, einer elektropneumatischen Scheibenbremse mit Wellen-

Die Triebwagen der Baureihe 640 können zusammen mit den Baureihen 641 bis 644 eingesetzt werden

bremsscheiben und einer Magnetschienenbremse.

An den Wagenenden sind automatische Kupplungen der Bauart Scharfenberg vorhanden. Eine Vielfachsteuerung ermöglicht die Bildung von längeren Zugverbänden auch mit den Baureihen 641, 642, 643 und 644.

Antrieb Der schadstoffarme, 315 kW starke Dieselmotor entspricht der EURO-2-Norm. Er ist unterflur neben dem Triebdrehgestell aufgehängt. Das Drehmoment wird über Gelenkwellen an die im Drehgestell untergebrachten Achsgetriebe weitergeleitet. Beim anderen Drehgestell handelt es sich um ein Laufgestell ohne Antrieb.

Innenraum Im Inneren sind die Triebwagen als Großräume mit Sitzen in verschiedenen Anordnungen eingerichtet. In der Mitte sind ein Mehrzweckraum mit Klappsitzen und die Vakuum-Toilette platziert. Das 1.-Klasse-Abteil befindet sich im Hochflurbereich an einem Wagenende. Acht Sitze in Vis-à-vis-Anordnung sind mit kleinen Tischen zu offenen Abteilen zusammengefasst.

Einsatz Von der Baureihe 640 beschaffte die DB zunächst nur 30 Exemplare. Sie sind alle in Dortmund beheimatet und werden von dort aus im Regionalverkehr eingesetzt.

TECHNISCHE DATEN	
Länge über Kupplung	27.260 mm
Achsfolge	B'2'
Treibraddurchmesser	770 mm
Laufraddurchmesser	770 mm
Achsstand im Drehgestell	1.900 mm
Gesamter Achsstand	20.350 mm
Dienstmasse	40,9 t
Maximale Radsatzlast	14,7 t
Höchstgeschwindigkeit	120 km/h
Leistung	315 kW
Motorbauart	6-Zylinder-Motor
Leistungsübertragung	hydrodynamisch
Antrieb	Gelenkwelle, Radsatzgetriebe
Indienststellung	2000 – 2001
Bestand (Herbst 2006)	30 Fahrzeuge DB Regio

Neben der DB AG beschafften auch die SNCF und die CFL den einteiligen 641

Als zweites LHB-Leichtbaufahrzeug neben der Baureihe 640 entwickelte LHB einen weiteren einteiligen Triebwagen. Die Baureihe 641 entstand in Kooperation mit dem französischen Waggonbauer DeDietrich, der wie LHB zum Alstom-Konzern gehört und die Leitung des Projekts übernommen hatte.

Fahrzeugbau Der Wagenkasten besteht aus einem Mittelteil und den beiden Kopfteilen. Die geschweißte Konstruktion des Mittelteils wurde aus Aluminium-Strangpressprofilen hergestellt. Die geschweißten Kopfteile bestehen aus Stahlprofilen und GfK-Formteilen. Sie sind so konzipiert, dass sie bei einem Aufprall als Stoßverzehrelemente wirken. Über dem Niederflurbereich ist das Dach abgesenkt, so dass dort u. a. die Motorkühlanlage, die Batterieanlage und das Klimagerät untergebracht werden konnten. Als Besonderheit verfügen die Wagen über einen Seitenaufprallschutz. Die Seitenfenster aus Verbund-Sicherheitsglas sind von außen auf den Kasten aufgeschraubt und bilden ein durchgehendes Fensterband. Auf jeder Längsseite befinden sich zwei einflügelige, elektrisch betriebene Schwenkschiebetüren mit einem Einklemmschutz. Die Einstiegshöhe beträgt 552 mm über der Schienenoberkante, die lichte Öffnungsweite 1.300 mm. Die Türen können von außen und innen über Drucktasten bedient werden.

Die automatischen Scharfenbergkupplungen sind beheizbar und kuppeln auch die Bremsleitungen und die elektrischen Verbindungen.

Die beiden H-förmigen Drehgestelle sind aus Stahl in Kastenbauweise hergestellt. Sie haben Gummischichtfedern, Luftfedern und Schlingerdämpfer.

Antrieb Mit seiner starken Motorisierung ist der 641 eher für steigungsreiche Strecken gedacht. Die beiden unterflur aufgehängten Antriebsanlagen bestehen jeweils aus einem schnelllaufenden, wassergekühlten Sechszylinder-Dieselmotor der Bauart MAN D 2866 LUH 21. Er erfüllt die Euro-Abgasnorm II.

Die 641 sind in Haltingen und Erfurt beheimatet. Sie fahren im Südschwarzwald und im Thüringer Wald

Das Drehmoment wird über ein hydrodynamisches Voith-Getriebe mit eingebautem Retarder übertragen.

Innenraum Im mittig angeordneten Niederflurbereich befinden sich ein Mehrzweckraum mit Klappsitzen und ein behindertengerechtes, geschlossenes WC-System. Die vier offenen Abteile im Hochflurbereich sind mit Vis-à-vis-Bestuhlung ausgestattet. Eines davon ist für 1.-Klasse-Reisende reserviert und durch eine Glaswand mit Tür von der 2. Klasse abgegrenzt. Es wurden Sitze mit Kopfpolstern und Armlehnen eingebaut. Die beiden Führerräume sind durch Glaswände mit Drehtüren von den Fahrgasträumen abgetrennt.

Matrixanzeigen informieren die Reisenden über die Fahrziele. Ein Haltewunsch kann dem Triebfahrzeugführer über Taster an den Haltestangen bekannt gegeben werden.

Einsatz Die Triebwagen sind in Haltingen und Erfurt beheimatet. Vier der Erfurter Wagen wurden von der Oberweißbacher Berg- und Schwarzatalbahn (OBS) übernommen.

Die SNCF erhält 300 Wagen, deren Bezeichnung TER X 73500 lautet. Weitere baugleiche Wagen wurden von der Luxemburgischen Staatsbahn (CFL) beschafft.

TECHNISCHE DATEN	
Länge über Kupplung	28.900 mm
Achsfolge	(1A)'(A1)'
Treibraddurchmesser	770 mm
Laufraddurchmesser	770 mm
Achsstand im Drehgestell	2.100 mm
Gesamter Achsstand	19.600 mm
Dienstmasse	48,7 t
Maximale Radsatzlast	16,7 t
Höchstgeschwindigkeit	120 km/h
Leistung	2 x 257 kW
Motorbauart	6-Zylinder-Reihenmotor
Leistungsübertragung	hydrodynamisch
Antrieb	Gelenkwelle, Radsatzgetriebe
Indienststellung	2001 – 2002
Bestand (Herbst 2006)	40 Fahrzeuge DB Regio, OBS

Zu Werbezwecken steht dieser 642 auf dem Schlossplatz in Stuttgarts Innenstadt

Hinter der futuristischen Hülle des 642 steckt ein alter Bekannter: Er ist abgeleitet vom 1995 entwickelten „Regio-Sprinter".

Entwicklung Der erste Zug einer Serie von 230 Fahrzeugen der Baureihe 642^0/642^5 war im Herbst 1998 bereit für den „Roll-Out". Der zweiteilige Triebwagen entstammt der modularen Fahrzeug-Familie, „DESIRO" genannt und wurde von der Siemens Verkehrstechnik hergestellt.

Fahrzeugbau Die selbsttragende Röhre des Wagenkastens wurde als Aluminium-Konstruktion ausgeführt. Die glasfaserverstärkten Kunststoff-Schalen der Fahrzeugköpfe sind in Sandwichbauweise gefertigt und mit dem Wagenkasten verklebt. Unterhalb der großen, einteiligen Panorama-Stirnfenster ist eine Matrix-Zugzielanzeige angeordnet.

An den Wagenenden ermöglichen automatische Mittelpufferkupplungen der Bauart Scharfenberg Mehrfachtraktionen, auch mit den Baureihen 640 bis 648. In der Mitte sind die beiden Fahrzeughälften über ein Jakobsdrehgestell verbunden. Ein Stirnübergang mit Wellenbalg ermöglicht eine gleichmäßige Verteilung der Fahrgäste innerhalb der Fahrzeuge. Für den Ein- und Ausstieg stehen auf jeder Wagenseite zwei zweiflügelige Schiebetüren mit Türschließautomatik zur Verfügung.

Die direkte und die indirekte elektropneumatische Bremse werden durch eine Magnetschienenbremse und eine Feststellbremse ergänzt.

Antrieb Die beiden autarken Sechs-Zylinder-Dieselmotoren der Maschinen- und Turbinenunion (MTU) befinden sich unter dem Hochflurbereich zwischen den Führerräumen und den Triebdrehgestellen. Sie wirken auf je ein hydromechanisches Fünf-Gang-Automatikgetriebe mit Anfahrwandler und integriertem Retarder.

Innenraum Der Innenraum der verkehrsroten Züge gliedert sich in einen 2.-Klasse-Großraum im Niederflurbereich zwischen den beiden Einstiegsräumen. Das 1.-Klasse-Abteil am Wagenende des 642^5 ist durch eine Glaswand mit Drehtür abgetrennt. Im 642^0 haben eine Toilette und ein Mehrzweckraum mit Klappsitzen ihren Platz gefunden.

Die vandalismusresistenten Sitze sind mit blauem Stoff bezogen und wei-

Die Einstiegsräume und die 2. Klasse in der Wagenmitte sind als Niederflurbereiche ausgeführt

sen teilweise hölzerne Armlehnen auf. Darüber befinden sich Gepäckablagen.

Zur Information der Fahrgäste steht eine Zugziel- und Stationsanzeige sowie eine Lautsprecheranlage zur Verfügung.

Einsatz Die Triebwagen sind in Chemnitz, Erfurt, Kempten, Magdeburg, Nürnberg, Leipzig und Rostock beheimatet. Sie werden einzeln sowie in Doppeltraktion eingesetzt. Der 642 016-0/516-9 schied nach einem Unfall aus.

Die Wagen 642 124-2/624-1 bis 642 129-1/629-0 wurden der WestFrankenBahn (WFB) zugewiesen und sind in Aschaffenburg Zuhause.

Die Erzgebirgsbahn (EB) beheimatet und wartet ihre von der DB übernommenen Triebwagen in Chemnitz.

Neben der DB haben viele deutsche Privatbahnen Triebwagen der Baureihe 642 in ihrem Bestand, so sind sie u.a. bei der Vogtlandbahn (VGB), bei Connex-VEOLIA und bei Angel Trains Europa zu finden. Auch ausländische Staatsbahnen nutzen die Triebwagen, so sind sie z. B. auf den Gleisen der ÖBB als Baureihe 5022 zu finden. Die dänischen Staatsbahnen bezeichnen ihre Züge als Baureihe MQ.

TECHNISCHE DATEN	
Länge über Kupplung	
Zug (2-teilig)	41.700 mm
Endwagen	20.600 mm
Achsfolge	B'2'B'
Treibraddurchmesser	770 mm
Laufraddurchmesser	770 mm
Achsstand im Drehgestell	
Enddrehgestell	1.900 mm
Jakobsdrehgestell (Mitte)	2.650 mm
Gesamter Achsstand	33.900 mm
Dienstmasse	63,8 t
Maximale Radsatzlast	16 t
Höchstgeschwindigkeit	120 km/h
Leistung	2 x 275 kW
Motorbauart	6-Zylinder-Reihenmotor
Leistungsübertragung	hydrodynamisch
Antrieb	Gelenkwelle, Radsatzgetriebe
Indienststellung	1999 – 2003
Bestand (Herbst 2006)	230 Züge DB Regio, EB, WFB

Die Baureihe 643 wurde aus der modularen „Talent"-Familie für die Einsätze bei der DB entwickelt

Auch Talbot in Aachen beteiligte sich an der Entwicklung neuer Triebwagen für den RegionalBahn-Einsatz und stellte mit den „Talent"-Zügen eine flexible, modular aufgebaute Fahrzeugfamilie auf die Gleise.

Entwicklung Bei der hier vorgestellten und von der DB beschafften Ausführung handelt es sich um dreiteilige Triebzüge, die aus der „Talent"-Familie (**Ta**lbot-**Le**ichtbau-**N**iederflur-**T**riebzug) für den Überlandeinsatz angepasst wurden.

Ein Triebzug besteht jeweils aus zwei technisch weitgehend identischen Endwagen mit Führerständen und Antriebseinheiten, die über zweiachsige Jakobsdrehgestelle mit einem antriebslosen Mittelwagen verbunden sind.

Fahrzeugbau Der Wagenkasten in Leichtbauweise und das geschweißte Untergestell aus korrosionsträgem Edelstahl bilden den Aufbau. Die Seitenwände bestehen aus einem Aluminiumgerippe mit einer Verkleidung aus glasfaserverstärktem Kunststoff (GfK). Die strömungsgünstig gestalteten Kopfmodule mit den Führerständen sind wie die Fahrzeugdächer vollständig aus GfK gefertigt. Die Außenscheiben der doppelt verglasten und getönten Fenster sind bündig in die Seitenwände eingeklebt.

Die Primärfederung der Drehgestelle erfolgt mit Gummielementen, die Sekundärfederung durch Luft.

Jeder Wagenteil hat auf beiden Seiten eine Doppelschiebetür. Die Fahrgasträume zwischen den Einstiegstüren sind als Niederflurbereich ausgeführt. An den Wagenenden haben die Fahrzeuge eine „normale" Fußbodenhöhe.

An den Enden der Triebwagen ist eine automatische Mittelpufferkupplung der Bauart Scharfenberg montiert.

Antrieb Die beiden Zwölf-Zylinder-MTU-Dieselmotoren der Bauart 12 V 183 TD 13 arbeiten mit Turboladern und Ladeluftkühlung. Die Antriebskraft wird

Die zweiteiligen Triebwagen der Reihe 643^2 sind für RegionalBahn-Einsätze vorgesehen

über ein hydrodynamisches Getriebe mit Anfahrwandler übertragen.

Gebremst wird die Baureihe 643 über eine im Getriebe integrierte Retarderbremse. Zusätzlich verfügen die Wagen über eine Scheiben- und eine Magnetschienenbremse.

Einsatz Alle 75 Exemplare der Baureihe 643^0 werden von Düsseldorf, Kaiserslautern und Osnabrück aus eingesetzt.

Anfang 2002 bestellte die DB für die Euregiobahn 26 zweiteilige „Talent“-Triebwagen und reihte sie als Unterbaureihe 643^2 in ihren Betriebspark ein. Diese Wagen sind in Aachen beheimatet. Die Triebzüge sind für den Einsatz im deutschen, niederländischen und dem belgischen Netz zugelassen. Dafür wurden sie mit dem niederländischen Zugsicherungssystem ATB-L sowie einem Fahrtenschreiber ausgestattet. Das belgische Sicherheitssystem kann bei Bedarf kurzfristig nachgerüstet werden.

Darüber hinaus genügen die Wagen der Straßenbahn-Bau- und Betriebsordnung (BOStrab). Auch die Nachrüstung mit den Zusatzgeräten gemäß BOStrab ist kurzfristig möglich.

TECHNISCHE DATEN	
Länge über Kupplung	
Zug (3-teilig, 643^0)	48.360 mm
Zug (2-teilig, 643^2)	34.610 mm
Endwagen	17.305 mm
Mittelwagen	13.750 mm
Achsfolge	B'2'2'B'; B'2'B'*
Treibraddurchmesser	760 mm
Laufraddurchmesser	630 mm
Achsstand im Drehgestell	
Enddrehgestell	1.900 mm
Jakobsdrehgestell (Mitte)	2.700 mm
Gesamter Achsstand	42.580; 28.830* mm
Dienstmasse	72; 57,5* t
Maximale Radsatzlast	12,8 t
Höchstgeschwindigkeit	120 km/h
Leistung	2 x 315 kW
Motorbauart	6-Zylinder-Reihenmotor
Leistungsübertragung	hydrodynamisch
Antrieb	Gelenkwelle, Radsatzgetriebe
Indienststellung	1999 – 2001; 2002 – 2005*
Bestand (Herbst 2006)	75 + 26* Züge DB Regio

* Baureihe 643^2

Die Triebwagen der Baureihe 644 haben einen dieselelektrischen Antrieb

Neben den dieselhydraulischen Triebwagen der Baureihe 643 findet sich in der „Talent"-Familie auch ein Fahrzeug mit elektrischer Kraftübertragung.

Entwicklung Mit ihrer stärkeren Motorisierung und ihrer höheren Beschleunigung eignen sich diese Triebwagen besonders für den Einsatz in S-Bahnähnlichen Streckennetzen mit geringen Haltestellenabständen und kurzen Fahrzeiten. Die DB übernahm zwischen 1998 und 2000 63 dieser Fahrzeuge in ihren Bestand und bezeichnete sie als Baureihe 644.

Wie der 643 besteht auch der dreiteilige 644 aus zwei technisch weitgehend identischen Endtriebwagen mit Führerständen und Antriebseinheiten sowie einem antriebslosen Mittelwagen. Alle drei Teile sind über nicht angetriebene, zweiachsige Jakobsdrehgestelle miteinander verbunden.

Fahrzeugbau Das in Leichtbauweise geschweißte Untergestell wurde wie der nach den selben Prinzipien gefertigte Wagenkasten überwiegend aus korrosionsträgem Edelstahl hergestellt, um den Instandhaltungsaufwand gering zu halten. Das Aluminiumgerippe der Außenwände wurde von außen mit glasfaserverstärktem Kunststoff (GfK) verkleidet. Die strömungsgünstig gestalteten Kopfmodule mit den Führerständen und die Fahrzeugdächer sind ebenfalls aus GfK gefertigt.

Die Scheiben der doppelt verglasten, getönten Fenster sind bündig in die Seitenwände eingeklebt und lassen sich nicht öffnen. Die zweiachsigen Drehgestelle sind primär durch Gummi-Konusfedern gedämpft. Die Sekundärfederung erfolgt mit Luftfederelementen. Um einen schnellen Fahrgastwechsel zu gewährleisten, hat jedes Wagensegment auf beiden Seiten zwei automatische Doppelschiebetüren. Die Fahrgasträume zwischen den Einstiegstüren liegen im Niederflurbereich. An den Wagenenden haben die Fahrzeuge eine „normale"

Die Züge werden im S-Bahn-ähnlichen Dienst auf nicht elektrifizierten Strecken eingesetzt

Fußbodenhöhe. Die Triebwagen verfügen über eine automatische Mittelpufferkupplung der Bauart Scharfenberg. Durch die Mehrfachsteuerung können längere Einheiten, auch mit anderen Baureihen der RegionalBahn-Triebwagen gebildet werden.

Antrieb Die beiden Zwölf-Zylinder-MTU-Dieselmotoren der Bauart 12 V 183 TD 13 arbeiten mit Turbolader und Ladeluftkühlung. Das Drehmoment wird über nachgeschaltete Synchrongeneratoren in elektrische Energie umgewandelt, die dann über eine Leistungselektronik den Drehstrom-Asynchron-Fahrmotoren zugeführt wird. Die elektrische Widerstandsbremse wird durch eine Scheiben- und eine Magnetschienenbremse ergänzt.

Einsatz Die Fahrzeuge gehören dem DB Regio-Tochterunternehmen DB Regionalbahn Rheinland GmbH. Sie sind alle in Köln beheimatet und werden von dort aus im schnellen Vorortverkehr eingesetzt.

TECHNISCHE DATEN	
Länge über Kupplung	
Zug (3-teilig)	52.160 mm
Endwagen	18.210 mm
Mittelwagen	14.200 mm
Achsfolge	B'2'2'B'
Treibraddurchmesser	760 mm
Laufraddurchmesser	630 mm
Achsstand im Drehgestell	
Enddrehgestell	1.900 mm
Jakobsdrehgestell (Mitte)	2.700 mm
Gesamter Achsstand	44.480 mm
Dienstmasse	84,3 t
Maximale Radsatzlast	14,1 t
Höchstgeschwindigkeit	120 km/h
Leistung Dieselmotor	2 x 505 kW
Elektomotor	2 x 300 kW
Motorbauart	
Dieselmotor	12-Zylinder-V-Motor
Elektromotor	Drehstrom-Asynchronmotor
Leistungsübertragung	elektrisch
Anfahrzugkraft	118 kN
Antrieb	Gelenkwelle, Radsatzgetriebe
Indienststellung	1998 – 2000
Bestand (Herbst 2006)	62 Züge DB Regio

Die Züge der Usedomer Bäderbahn, einer Tochter der DB, sind blau/weiß lackiert

Eine ungewöhnliche Variante ist bei der Baureihe 646 zu finden. Sie besteht aus einem kurzen Mittel-Motorwagen mit zwei Steuerwagen.

Entwicklung Die Konstruktion mit kompletter Trennung zwischen der Antriebseinheit und den Fahrgasträumen geht auf den Schweizer Fahrzeughersteller Stadler zurück. Ursprünglich war das Fahrzeug für den elektrischen Einsatz auf Schmalspurstrecken vorgesehen. Durch das modulare Fahrzeugkonzept konnte es aber ohne größeren Aufwand für den Dieselbetrieb auf Normalspurstrecken gebaut werden.

Fahrzeugbau Der Mittelteil des Gtw 2/6 besteht aus einem kurzen, zweiachsigen Wagen (Baureihe 646), in dem sämtliche Antriebs- und Hilfsaggregate untergebracht sind. An beiden Enden schließen sich zweiachsige Steuerwagen (Baureihen 946^0 und 946^5) mit Enddrehgestellen an. Sie stützen sich jeweils am hinteren Ende auf dem Motorwagen ab.

Durch einen Mittelgang im Motorwagen gelangen die Fahrgäste von einem Steuerwagen in den anderen. Über Seitenklappen im Mittelgang erreicht das Personal die Antriebsaggregate.

Zwischen den Wagen befinden sich Faltenbälge. Die Seitenwände sind als Schraub- und Schweißkonstruktion aus Aluminium gefertigt. Das Dach ist in Sandwichbauweise hergestellt und mit den Dachlangträgern verklebt. Das Führerhaus besteht komplett aus glasfaserverstärktem Kunststoff (GfK).

Die Fenster sind fest mit dem Wagenkasten verklebt und lassen sich nicht öffnen. Zwei doppelflügelige Schiebetüren in den Steuerwagen ermöglichen das Ein- und Aussteigen.

Antrieb Der aufgeladene Dieselmotor von MTU treibt einen Drehstrom-Asynchrongenerator an, der die Traktionsmotoren speist.

Als Bremsen stehen eine direkte elektropneumatische, eine indirekte pneumatische Bremse und eine elektrodynamische Widerstandsbremse zur Verfügung. Sie werden durch eine Magnetschienenbremse und eine manuelle Feststellbremse ergänzt.

Innenraum Der Innenraum ist jeweils in einen 1.-Klasse-Bereich, einen 2.-Klasse-Bereich und in einen Mehr-

Die roten DB-Regio-Wagen der Baureihe 646 sind in Neuruppin, Darmstadt und Kassel zu Hause

zweckraum aufgegliedert. Das 1.-Klasse-Abteil fehlt bei den Wagen der Usedomer Bäderbahn, so dass deren Sitzplatzzahl von 93 auf 111 erhöht werden konnte.

Die Sitze sind mit Stoff bezogen und haben in der 1. Klasse Armlehnen. Über den Sitzen sind Gepäckablagen montiert.

Einsatz Die verkehrsroten Züge der DB sind in Neuruppin (646^0) sowie in Darmstadt und Kassel (646^2) beheimatet.

Die Wagen der Usedomer Bäderbahn (646^1), einer Tochter der DB, sind im Seebad Heringsdorf zu Hause und werden auf dem Streckennetz der UBB eingesetzt. Die blaue Lackierung ihrer Schürzen grenzt oben wellenförmig an die weiße Lackierung der restlichen Flächen.

Die in Kassel beheimaten Wagen gehörten 2006 der Kurhessenbahn (KHB) und wurden auf der Dreieichbahn eingesetzt.

TECHNISCHE DATEN	
Länge über Kupplung	
Zug (3-teilig)	38.660 mm
Endwagen	17.065 mm
Mittelwagen	4.500 mm
Achsfolge	2 '+ Bo + 2'
Treibraddurchmesser	860 mm
Laufraddurchmesser	680 mm
Achsstand im Drehgestell	2.000 mm
Achsstand Mittelwagen	2.000 mm
Gesamter Achsstand	31.724 mm
Dienstmasse	57,1 t
Maximale Radsatzlast	19,2 t
Höchstgeschwindigkeit	120 km/h
Leistung Dieselmotor	550 kW
Elektomotor	2 x 262 kW
Motorbauart	
Dieselmotor	12-Zylinder-V-Motor
Elektromotor	Drehstrom-Asynchronmotor
Leistungsübertragung	elektrisch
Anfahrzugkraft	62 kN
Indienststellung	seit 2000
Bestand (Herbst 2006)	64 Züge
	DB Regio, UBB, KHB

Die zweiteiligen „LINT“ haben in der Mitte ein gemeinsames Jakobsdrehgestell für beide Wagenhälften

Neben den einteiligen Triebwagen der Baureihe 640 sind in der „LINT“-Familie auch zweiteilige Fahrzeuge zu finden, die die DB unter der Baureihe 648 in ihren Bestand aufgenommen hat.

Entwicklung Das Leichttriebwagenkonzept für Nebenstrecken „LINT“ stammt aus dem Hause Alstom-LHB in Salzgitter. Das Baukastensystem enthält sowohl Einzelwagen als auch mehrteilige Gelenk- und Doppeltriebwagen.

Kurz nach den einteiligen 648 gingen 1999 gingen die ersten Triebwagen der Baureihe 640 bei der DB in Betrieb. Zu dieser Zeit hatten die zur Connex-Gruppe gehörenden Tochtergesellschaften Nord-Ostsee-Bahn (NOB) und NordWestBahn (NWB) den Personenverkehr mit Triebwagen des Typs LINT 41 auf den Strecken Kiel – St. Peter-Ording, Neumünster – Kiel, Osnabrück – Bremen und Osnabrück – Wilhelmshaven bereits aufgenommen.

Fahrzeugbau Die verwindungssteifen Wagenkästen sind in Stahlleichtbauweise hergestellt. Die Dächer in Gerippebauweise bestehen aus abgekanteten Profilen. Für die Köpfe der Wagen wurden glasfaserverstärkte Kunststoffteile (GfK) verwendet. Sie wurden mit dem Wagenkasten verklebt.

Ein geschweißter H-Rahmen aus Kastenprofilen bildet die Drehgestelle. Die beiden äußeren Drehgestelle sind angetrieben, das mittlere dient als Laufgestell und als Verbindung zwischen den beiden Wagenteilen. Alle Drehgestelle haben eine Luftfederung mit Schwingungs- und Schlingerdämpfern.

Das dreistufige Bremssystem besteht aus einer hydrodynamischen Retarderbremse, einer elektropneumatischen Scheibenbremse mit Wellenbremsscheiben sowie einer Magnetschienenbremse.

An den Wagenenden sind automatische Kupplungen der Bauart Scharfenberg vorhanden.

Antrieb Die unterflur aufgehängte Antriebsanlage wirkt auf das benachbarte Drehgestell. Die beiden schadstoff-

Die Wagen der Baureihe 648 waren 2006 in Kiel, Dortmund und Braunschweig beheimatet

armen Dieselmotoren nach EURO-2-Norm leisten 2 x 315 kW.

Innenraum Die Großräume im Inneren der Wagen sind mit Sitzen in verschiedenen Anordnungen ausgestattet. Im Niederflurteil der Wagen sind Mehrzweckräume und die Toilette zu finden. Das 1.-Klasse Abteil befindet sich an einem Wagenende.

Einsatz Die ersten sechs 648 kamen nach Kiel und wurden auf den gemeinsam von DB Regio und NWB in Schleswig-Holstein betriebenen Strecken Neumünster – Kiel und Neumünster – Flensburg eingesetzt.

Nachdem DB Regio die Betriebsführung auf Strecken im Sauerland und im Siegener Drei-Länder-Eck errungen hatte, beschaffte sie für diese Strecken 21 Triebwagen der Unterbauart 648^1 (Lint 41/H, mit erhöhten Fußbodenniveau im Niederflurbereich) und sieben Triebzüge der Unterbauart 648^2. In beiden Baureihen können im Mehrzweckraum Halterungen für Ski eingebaut werden. Als letzte Dienststelle bekam Braunschweig 26 Triebwagen der Baureihe 648^2, die für das Harz-Weser-Netz bestimmt sind.

TECHNISCHE DATEN	
Länge über Kupplung	
Zug (2-teilig)	41.810 mm
Endwagen	k. A.
Achsfolge	B'2'B'
Treibraddurchmesser	770 mm
Laufraddurchmesser	770 mm
Achsstand im Drehgestell	
Enddrehgestell	1.900 mm
Jakobsdrehgestell (Mitte)	2.700 mm
Gesamter Achsstand	34.900 mm
Dienstmasse	63,5/65* t
Maximale Radsatzlast	18 t
Höchstgeschwindigkeit	120 km/h
Leistung	2 x 315 kW
Motorbauart	6-Zylinder-Reihenmotor
Leistungsübertragung	hydrodynamisch
Antrieb	Gelenkwelle, Radsatzgetriebe
Indienststellung	2000 – 2001; 2004 – 2005*
Bestand (Herbst 2006)	57 Züge DB Regio

* Baureihe 648^2

Die Wagen 650 001-1 bis 027-6 gehören der DB ZugBus RAB (RegionalBahn Alb-Bodensee)

Der Erfolg der „RegioShuttle“ bei Privatbahnen veranlasste auch die DB zur Beschaffung dieser Fahrzeuge, die als Baureihe 650 eingereiht wurden.

Entwicklung ADtranz lieferte die Triebwagen an die DB und in unterschiedlichen Versionen auch an Privatbahnen.

Fahrzeugbau Eine geschweißte Fachwerkkonstruktion aus Stahlvierkantrohren mit diagonalen Streben bildet den Wagenkasten der einteiligen Fahrzeuge. Der Kasten ist von außen mit Sandwichplatten aus glasfaserverstärktem Kunststoff (GfK) verkleidet. Die Führerräume sind komplett aus GfK hergestellt.

Zwischen den beiden zweiflügeligen Doppelschiebetüren befindet sich ein Niederflurbereich. Die Fenster sind zwischen die diagonalen Kastenstreben eingepasst und können teilweise oben nach innen geöffnet werden.

Die Laufwerke bestehen aus zwei angetriebenen zweiachsigen Drehgestellen mit geschweißtem Rahmen und kurzen Achsständen.

Antrieb Die beiden MAN-Dieselmotoren sind an den Wagenenden angeordnet und treiben über ein automatisches Getriebe die benachbarten Drehgestelle an. Die Kraft wird hydrodynamisch übertragen.

Mit normalen Zug- und Stoßvorrichtungen können die Wagen freizügig in Mehrfachtraktionen auch mit anderen Baureihen oder mit normalen Reisezug- oder Güterwagen eingesetzt werden.

Eine im Getriebe integrierte Retarderbremse sowie eine Scheiben- und eine Magnetschienenbremse dienen zur Verzögerung der Fahrzeuge. Sämtliche Aggregate der Antriebsanlage sind unterflur angebracht.

Innenraum Der Innenraum ist als Großraum 2.-Klasse ausgeführt. Auf die erste Wagenklasse wurde verzichtet. Der Mehrzweckraum im Niederflurbereich ist mit Klappsitzen in Längsrichtung ausgestattet.

Die Sitze wurden sowohl vis-à-vis als auch in Reihe angeordnet und mit Stoff bezogen. Die beiden Führerräume sind durch Glaswände mit Drehtüren von den Fahrgasträumen abgetrennt und können nur durch diese erreicht werden. Im Gegensatz zu vielen Privatbahnwagen wurde in die meisten Fahrzeuge der DB eine Toilette eingebaut.

Durch die Vielfachsteuerung können mehrere Züge von einem Fahrpult aus bedient werden

Über den großen Frontfenstern sowie im Inneren der Wagen sind Matrix-Zugziel- und Stationsanzeigen. Eine Lautsprecheranlage ergänzt diese Ausstattung zur Fahrgastinformation. Die Klimaanlage sorgt für angenehme Temperaturen im Wageninneren.

Einsatz Die Baureihe 650 ist in Tübingen und Ulm stationiert. Die Tübinger Wagen 650 001-1 bis 027-6 gehören der DB ZugBus Regionalverkehr Alb-Bodensee (RAB). Sie werden überwiegend auf der Ammertalbahn zwischen Tübingen und Herrenberg eingesetzt, sind aber auch auf der Strecke nach Bad Urach anzutreffen.

Die Ulmer 650 100-1 bis 122-5 gehören der DB Regio. Sie sind u. a. auf der Teckbahn Wendlingen – Kirchheim – Oberlenningen unterwegs.

Inzwischen ist auch die Unterbauart 650^2 im Einsatz. Die drei Wagen unterscheiden sich durch einen vergrößerten Fahrradraum von den Vorgängern, allerdings musste dafür auf die Toilette verzichtet werden.

Letzte Bauserie sind die 27 Fahrzeuge der Unterbauart 650^3. Sie unterscheiden sich von den Vorgängern durch breitere Einstiege und größere Mehrzweckabteile, so dass Fahrräder einfacher befördert werden können. Zusätzlich haben sie eine verbesserte Klimaanlage und ein erweitertes Fahrgastinformationssystem.

TECHNISCHE DATEN	
Länge über Puffer	25.500 mm
Achsfolge	B'B'
Treibraddurchmesser	770 mm
Achsstand im Drehgestell	1.800 mm
Gesamter Achsstand	18.900 mm
Dienstmasse	37,7 t
Maximale Radsatzlast	14 t
Höchstgeschwindigkeit	120 km/h
Leistung	2 x 257 kW
Motorbauart	6-Zylinder-Viertaktmotor
Leistungsübertragung	hydromechanisch
Antrieb	Gelenkwelle, Radsatzgetriebe
Indienststellung	1999 – 2002, 2004 – 2006
Bestand (Herbst 2006)	80 Fahrzeuge DB Regio, RAB

Die zweiachsigen Triebwagen der Baureihe 672 stammen von der Deutschen Waggonbau AG in Bautzen

Anfang 2004 übernahm die Deutsche Bahn 18 Triebwagen der insolventen Karsdorfer Eisenbahngesellschaft (KEG) und reihte sie als Baureihe 672 in ihren Bestand ein.

Entwicklung Bei den Fahrzeugen handelt es sich um zweiachsige Schienenbusse der Bauart LVT/S (Leichtverbrennungstriebwagen und Schienenbus) der Deutschen Waggonbau AG in Bautzen. Das Unternehmen hatte bereits 1996 ein Fahrzeug dieses Typs auf der „Innotrans" in Berlin vorgestellt.

Fahrzeugbau Für den zweiachsigen Leichttriebwagen wurde auf bewährte Großserienkomponenten des Bus- und Straßenbahnbaus zurück gegriffen. So bestehen die Walzprofile und Bleche für das Untergestell, den Wagenkasten und die Dachkonstruktion zum Großteil aus nichtrostendem Edelstahl.

Durch den modularen Aufbau lassen sich Raumaufteilung und Ausstattung schnell und problemlos an die Wünsche der Kunden anpassen. Beim Prototyp-Wagen wurden Zug- und Stoßkräfte durch normale Seitenpuffer und Schraubenkupplungen übertragen. Die Fahrzeuge können aber auch mit automatischen Mittelpufferkupplungen ausgestattet werden. Die von der DB übernommenen Wagen haben spezielle, von der Karsdorfer Eisenbahn entwickelte Mittelpufferkupplungen.

Die beiden Einzelradlaufwerke sind radial einstellbar und gewährleisten so eine gute Kurvengängigkeit. Der Wagenkasten liegt über sekundäre Schraubenfedern auf den Laufwerken auf. Die primäre Federung erfolgt durch Einschichtfedern. Die Monobloc-Radsätze laufen in Kegelrollenlagern.

Neben der in das Automatikgetriebe integrierten Retarderbremse verfügen die Wagen über eine Scheiben- und eine Feststellbremse.

Antrieb Ein unter dem hochflurigen Bereich am Wagenende liegender Sechszylinder-Dieselmotor überträgt

Die Wagen haben eine automatische Mittelkupplung und Seitenpuffer

sein Drehmoment auf ein automatisches Getriebe der Firma Voith. Eine Gelenkwelle verbindet dieses Getriebe mit dem Achswendegetriebe im Radsatz.

Dank ihrer Mehrfachsteuerung lassen sich bis zu vier Wagen zu Zügen zusammenkuppeln und vom vorderen Führertisch aus steuern.

Innenraum Der Fahrgastraum ist als Großraum mit mittigem Niederflurbereich ausgeführt. Hier sind die Einstiegstüren zu finden, die über Rampen auch von Rollstuhlfahrern genutzt werden können. Der zugehörige Stellplatz befindet sich im Einstiegsbereich, in dem auch Kinderwagen oder Fahrräder abgestellt werden können. Jeweils fünf Sitze in Fahrtrichtung sind nebeneinander montiert und entweder in Reihe aufgestellt oder vis-à-vis zu offenen Abteilen zusammengefasst. Im Niederflurbereich sind u. a. eine Toilette und Klappsitze an den Seitenwänden zu finden.

Einsatz Die KEG setzte die silber/gelb lackierten Wagen auf der Burgenlandbahn zwischen Naumburg, Querfurt, Weißenfels und Merseburg ein. Nach der Übernahme durch die DB waren sie in zunächst in Weißenfels Zuhause, wurden aber später nach Halle umbeheimtet und im April 2006 wegen Rahmenschäden abgestellt.

TECHNISCHE DATEN	
Länge über Puffer	16.540 mm
Achsfolge	A'1'
Treibraddurchmesser	760 mm
Laufraddurchmesser	760 mm
Gesamter Achsstand	9.000 mm
Dienstmasse	25,2 t
Maximale Radsatzlast	16,9 t
Höchstgeschwindigkeit	100 km/h
Leistung	265 kW
Motorbauart	6-Zylinder-Reihenmotor
Leistungsübertragung	hydrodynamisch
Antrieb	Gelenkwelle, Radsatzgetriebe
Indienststellung	1998 – 1999
Bestand (Herbst 2006)	18 Fahrzeuge DB Regio

Viele TVT wurden von Privatfirmen übernommen und sind noch im Einsatz

Mit der fortschreitenden Elektrifizierung der Strecken der DB in den 1950er-Jahren entstand Bedarf an modernen Wartungsfahrzeugen.

Entwicklung Zu dieser Zeit war der Bau der Schienenbusse der Baureihen VT 95 und VT 98 in vollem Gange. Die ersten Fahrzeuge der robusten und einfach zu handhabenden Bauart hatten sich bereits bewährt und waren beim Personal beliebt. Deshalb beschloss die DB, den neuen Turmtriebwagen aus den Schienenbussen abzuleiten. Der auffälligste Unterschied zu den Schienenbussen besteht neben den technischen Einrichtungen im höheren Wagenkasten, der ein unbeschränktes Arbeiten in den Wagen ermöglichte.

1955 wurde eine erste Serie der Turmtriebwagen abgeliefert, die sich durch schwächere Motoren mit einer Leistung von nur 191 kW von ihren Nachfolgern unterschied. Ab der zweiten Lieferserie hatten die Wagen eine Leistung von 220 kW. In dieser Ausführung wurden insgesamt 12 Serien bestellt, deren Auslieferung bis 1974 dauerte.

Fahrzeugbau Der geschweißte Wagenkasten besteht aus einem Gerippe aus gewalzten Stahlleichtprofilen.

Das Untergestell ist ebenfalls geschweißt und hat an beiden Stirnseiten normale Schraubenkupplungen und Hülsenpuffer. So können einzelne Güterwagen mitgeführt oder die Wagen an Züge angekuppelt werden.

Antrieb Den Antrieb übernehmen zwei unterflur aufgehängte Anlagen, bei denen jeder Radsatz von einem eigenen Motor angetrieben wird.

Die Antriebskraft wird über eine Strömungskupplung und eine Gelenkwelle zum Zahnradgetriebe geführt. Die sechs Gänge werden über eine elektromagnetische Kupplung geschaltet, von der die Kraft zu den Achswendegetrieben gelangt. Die Wagen der Baureihe 702 unterscheiden sich durch eine

Der Diagnose-VT kontrolliert die Oberleitung per Laser- und Video-Überwachung

nachträglich eingebaute hydrodynamische Bremse und eine Magnetschienenbremse von denen der Baureihe 701. Dabei wurde die Ordnungsnummer nicht geändert.

Innenraum Zwischen den Endführerständen befindet sich der Werkstatt- und Aufenthaltsraum mit Werkbank, Regalen, Sitz- und Waschgelegenheit.

Mit dem Stromabnehmer zur Erdung und Prüfung der Fahrleitung kann die Lage des Fahrdrahts und die anliegende Spannung kontrolliert werden.

Den größten Teil des Dachs nimmt eine hydraulisch heb- und schwenkbare Arbeitsbühne mit einer Tragfähigkeit von 300 kg ein. Sie besteht aus verschweißten Stahlblechen und -profilen. Weiter sind eine Beobachtungskanzel und Suchscheinwerfer vorhanden.

Einsatz In den alten Bundesländern haben fast alle Instandhaltungsbetriebe für Fahrleitungsanlagen die Turmtriebwagen der Reihen 701 oder 702 im Bestand. Inzwischen sind viele Wagen aus dem Fahrpark der DB ausgeschieden. Einige wurden von privaten Firmen übernommen und sind, teilweise im originalen roten Anstrich weiterhin zur Instandhaltung der Oberleitungen im Einsatz.

Der 702 148-8 wurde zum Diagnose-VT für die Laser-Vermessung und Video-Überwachung von Oberleitungsanlagen umgerüstet.

TECHNISCHE DATEN	
Länge über Puffer	13.950 mm
Achsfolge	AA
Treibraddurchmesser	900 mm
Gesamter Achsstand	6.000 mm
Dienstmasse	25,3*; 26** t
Höchstgeschwindigkeit	90 km/h
Leistung	2 x 95,5*; 2 x 110 kW
Motorbauart	6-Zylinder-Motor
Leistungsübertragung	mechanisch
Antrieb	Gelenkwellen
Indienststellung	1955 – 1974
Bestand (Herbst 2006)	54 + 14 z; 11 + 5 z** Wagen DB Netz

* erste Bauserie, ** Baureihe 702

Der Hubsteiger kann bis auf eine Höhe von 11,5 m ausgefahren und 10 m neben das Gleis bewegt werden

Das Instandhaltungsfahrzeug für Oberleitungsanlagen (IFO) der Baureihe 703 wurde als Nachfolgebauart für ältere Turmtriebwagen gebaut.

Entwicklung Der Geschäftsbereich Netz der DB AG entschied, als Nachfolger der Reihen 701/702 und 708° Fahrzeugtypen für die Installation und Unterhaltung der Fahrleitungen zu beschaffen, die auf den jeweiligen Verwendungszweck optimal zugeschnitten werden sollten. Die zweiachsige, von Windhoff in Rheine entwickelte Baureihe 703 ist für Prüf- und Wartungsarbeiten gedacht.

1996 erfolgte die Auslieferung der ersten neun Fahrzeuge. 2000 und 2001 folgte eine zweite, zehn Wagen umfassende Serie. Hersteller der beiden gelb lackierten Serien ist die Gleisbaumechanik Brandenburg.

Fahrzeugbau Auf einer Hälfte des geschweißten selbsttragenden Rahmens aus Walzprofilen und Blechen sitzt der schallisolierte Aufbau. Die andere Hälfte des Rahmens ist der Arbeitsbühne vorbehalten. An den Kopfstücken des Untergestells sind Hülsenpuffer und normale Kupplungen montiert. Schraubenfedern stellen die Verbindung zwischen den als Lenkachsen ausgeführten Radsätzen und dem Untergestell her.

Antrieb Der vollständig unterflur angebrachte Antrieb erfolgt durch einen wassergekühlten MAN-Sechs-Zylinder-Dieselmotor D 2865 LOH-10. Ein nachgeschaltetes hydromechanisches Lastschaltgetriebe der Zahnradfabrik Friedrichshafen und Gelenkwellen übertragen das Drehmoment auf ein Zwischengetriebe. Von dort aus wird es auf die Achsgetriebe der beiden Radsätze geleitet.

Die Baureihe 703 (IFO) ist genau auf ihre Aufgaben zur Revision der Oberleitung zugeschnitten

Ein zweiter MAN-Motor D 0824 mit 81 kW Leistung versorgt einerseits die Hydraulikantriebe der Arbeitsgeräte und dient andererseits in Verbindung mit einem hydrostatischen Antrieb der Schleichfahrt bis 5 km/h bei Arbeiten an der Oberleitung.

Die indirekt wirkende Druckluft-Klotzbremse hat einen elektronischen Gleitschutz und eine Zusatzbremse.

Innenraum Der Innenraum hat an beiden Enden vollständig eingerichtete Führerstände, die eine Steuerung per „Joystick" ermöglichen. Zwischen den Führerständen sind eine Sitzbank mit Tisch, eine Werkbank und Ablagemöglichkeiten zu finden.

Eine Dachkanzel ermöglicht die Beobachtung des Messstromabnehmers. Auf der Plattform ist ein Hubsteiger mit einem frei schwenkbaren Arbeitskorb montiert. Der Arbeitskorb kann bis auf eine Höhe von 11,5 m ausgefahren werden und bis zu 10 m seitlich neben das Gleis bewegt werden. Such- und Arbeitsscheinwerfer ermöglichen das Arbeiten auch bei Dunkelheit.

TECHNISCHE DATEN	
Länge über Puffer	13.940; 14.950* mm
Achsfolge	AA; B*
Treibraddurchmesser	840 mm
Gesamter Achsstand	8.000; 8.300* mm
Dienstmasse	32; 39,2* t
Maximale Radsatzlast	20 t
Höchstgeschwindigkeit	90; 100* km/h
Leistung	213; 338* kw
Hilfsmotor	81; 89* kW
Motorbauart	5-; 6-*Zylinder-Motor
Hilfsmotor	4-Zylinder-Motor
Leistungsübertragung	hydrodynamisch
Antrieb	Gelenkwellen, Radsatzgetriebe
Indienststellung	1995 – 1996/2000 – 2001
Bestand (Herbst 2006)	9 + 10* Fahrzeuge DB Netz

* Bausreihe 703[1]

Die vierachsigen Turmtriebwagen entstanden aus den einteiligen Triebwagen der Baureihe 627°

Die vierachsigen Turmtriebwagen der Baureihe 704 werden zu Wartungs- und Reparaturzwecken auf den Schnellfahrstrecken der Deutschen Bahn eingesetzt.

Entwicklung Sie basieren auf der 1974 vorgestellten Baureihe 627° und tragen die Nummern 704 001-7 bis 005-8.

Die Neuentwicklung wurde notwendig, weil die Turmtriebwagen der Baureihen 701 und 702 wegen ihrer niedrigen Höchstgeschwindigkeit von 90 km/h nicht mehr freizügig auf allen Strecken eingesetzt werden konnten.

Fahrzeugbau Der Wagenkasten besteht aus einem Stahlgerippe und aufgeschweißten Blechen. Die Kopfstücke des Untergestells sind zur Aufnahme einer automatischen Mittelpufferkupplung vorbereitet. Die Drehgestelle haben einen Torsionsrahmen und sind über Luftfedern mit dem Aufbau verbunden. Die Luftfederbälge werden lastabhängig be- und entlüftet, so dass der Wagenboden immer auf gleicher Höhe bleibt.

Antrieb Ursprünglich übernahmen zwei 287 kW starke Zwölf-Zylinder-Dieselmotoren den Antrieb. Aus Kostengründen und um die Emissionen zu verringern, wurde einer davon gegen ein Aggregat mit einer Leistung von nur 204 kW ausgetauscht. Über ein Zweiwandlergetriebe und Gelenkwellen gelangt das Drehmoment auf die Radsätze.

Die mehrlösige Druckluftbremse hat einen elektronischen Gleitschutz und eine automatische Lastabbremsung.

Innenraum Beide Führerräume entsprechen der Baureihe 627°. Im großen Werkstattbereich zwischen den Führerräumen stehen Werkbänke, Regale, Werkzeuge und ein Flaschenzug zur Verfügung.

Ein kleiner Aufenthaltsraum mit Tisch und vier Sitzgelegenheiten ist vom Werkstattraum abgetrennt. Schränke und ein Herd vervollständigen die Ausstattung. Hier ist auch der Zugang zum Waschraum mit dem kleinen Waschbecken zu finden.

Ihre Höchstgeschwindigkeit von 140 km/h ermöglicht auch den Einsatz auf Schnellfahrstrecken

Über eine Luke in der Decke ist die Arbeitsplattform auf dem Dach zu erreichen. Außer dem Messstromabnehmer ist dort eine Arbeitsbühne montiert, die um 2 m nach oben gefahren und dabei um 90° nach links oder rechts ausgeschwenkt werden kann.

Zusätzlich zur Arbeitsbühne gibt es eine Steigleiter, mit der eine Arbeitshöhe von bis zu 18 m erreicht wird.

Eine Kanzel und Scheinwerfer ermöglichen die Beobachtung des Stromabnehmers auch bei Nacht. Wird nachts neben dem Zug gearbeitet, können bis zu acht Leuchtstofflampen an der Außenseite des Dachs zugeschaltet werden.

Einsatz Die fünf gelben Wagen gehören zu DB Netz. Der 704 001-7 ist in Karlsruhe beheimatet, der 704 002-5 in Saarbrücken. Der 704 003-3 wird von Hamburg-Harburg aus eingesetzt, der 704 004-1 von Nürnberg. Der 705 005-8 schließlich ist in Kassel stationiert.

TECHNISCHE DATEN	
Länge über Puffer	23.400 mm
Achsfolge	B'B'
Treibraddurchmesser	760 mm
Achsstand im Drehgestell	1.900 mm
Gesamter Achsstand	17.400 mm
Dienstmasse	53 t
Höchstgeschwindigkeit	140 km/h
Leistung	287 + 204 kw
Motorbauart	12-Zylinder-Motor
Leistungsübertragung	hydraulisch
Antrieb	Gelenkwellen, Radsatzgetriebe
Indienststellung	1977 – 1978
Bestand (Herbst 2006)	5 Fahrzeuge DB Netz

Die Baureihe 705 basiert auf dem österreichischen MTW 552

Für die Wartung der langen Tunnel auf den Schnellfahrstrecken beschaffte die DB als neues Spezialfahrzeug das Tunnelinstandhaltungsfahrzeug (TIF).

Entwicklung Die Deutsche Plasser Bahnbaumaschinen GmbH lieferte das Fahrzeug mit der Nummer 705 001-6 im Jahre 1992 an die DB aus.

Fahrzeugbau Ein geschweißter Rahmen trägt den nicht über die gesamte Länge reichenden Aufbau. Vorn und hinten grenzen kurze Arbeitsbühnen an den Aufbau an.

Antrieb Für Streckenfahrten ist ein 12-Zylinder-Dieselmotor eingebaut, für Untersuchungsmessfahrten ein Vierzylindermotor mit einer Leistung von 44 kW.

Innenraum Das begehbare Dach hat umklappbare Geländer. Die dort installierte Hubdrehbühne kann um 1,6 m angehoben werden. Weiterhin gehört ein Hubsteiger zur Ausrüstung, der die Arbeiter bis auf elf Meter über die Schienenoberkante bringt.

Der Innenraum ist mit Führerständen, Mehrzweckraum mit Küchenzeile, Klappbetten, Sitzgelegenheiten und einem Tisch ausgestattet. Ein Büro, ein Aufenthaltsraum und eine Nasszelle vervollständigen die Inneneinrichtung.

TECHNISCHE DATEN		
Länge über Puffer		15.920 mm
Achsfolge		2'B'
Treibraddurchmesser		840 mm
Laufraddurchmesser		840 mm
Achsstand im Drehgestell		1.800 mm
Gesamter Achsstand		11.300 mm
Dienstmasse		52 t
Höchstgeschwindigkeit		120 km/h
Leistung		367 kw
	Hilfsmotor	44 kW
Motorbauart		12-Zylinder-Motor
	Hilfsmotor	4-Zylinder-Motor
Leistungsübertragung		hydrodynamisch
Antrieb		Gelenkwellen
Indienststellung		1992
Bestand (Herbst 2006)		1 Fahrzeug DB Netz

Die Baureihe 706 besteht aus zwei Wagen zur Montage und Instandhaltung der Oberleitung

Auf der Hannover-Messe 1997 stellte die Gleisbaumechanik Brandenburg ihr neuentwickeltes „Oberleitungs-Montagefahrzeug“ (OMF) vor.

Fahrzeugbau Der Fahrzeugrahmen besteht aus verschweißten Quer- und Langträgern. Er wird von einem Lauf- und einem Trieb-Drehgestell des Typs GPH200 getragen. Es sind normale Schraubenkupplungen und Puffer montiert.

Antrieb Für den Fahr- und Arbeitsbetrieb ist das OMF mit zwei getrennten Dieselmotoren ausgestattet: Als Fahrmotor wurde der MAN D 2840 LF20 gewählt, während für die Arbeitsfahrt mit maximal 5 km/h ein hydrostatischer Antrieb mit einem MAN D 0824 LFL06 (Leistung 89 kW) eingebaut wurde.

Innenraum Über einem Führerhaus ist der Messstromabnehmer angeordnet. Vor dem anderen Führerhaus wurde auf einer Plattform ein Drehkran montiert.

Einsatz Die OMF erhielten bei der DB die Nummern 706 001-5 und 002-3. Sie sind bei der NL Bahnbau Leipzig stationiert.

TECHNISCHE DATEN		
Länge über Puffer		18.700 mm
Achsfolge		2'B'
Treibraddurchmesser		900 mm
Laufraddurchmesser		900 mm
Achsstand im Drehgestell		2.600 m
Gesamter Achsstand		13.800 mm
Dienstmasse		67,8 t
Höchstgeschwindigkeit		120 km/h
Leistung		441 kW
	Hilfsmotor	89 kW
Motorbauart		10-Zylinder-Motor
	Hilfsmotor	4-Zylinder-Motor
Leistungsübertragung		hydrodynamisch
Antrieb		Gelenkwellen
Indienststellung		1997
Bestand (Herbst 2006)		2 Fahrzeuge DB Netz

707 Trägertechnologiefahrzeug (TTF)

Das TTF dient zur Erprobung und Überprüfung verschiedener Betriebsleitsysteme

Um ihre in den letzten Jahren stark verbesserte Betriebsleittechnik erproben und weiterentwickeln zu können, beschaffte die DB Netz dieses vierachsige Messfahrzeug.

Entwicklung Der Wagen dient zur Überprüfung neuer Einrichtungen. Dazu gehören z. B. das neue Bahn-Funk-System „Global System for Mobile Communication“ (GSM-Rail), das „European Train Control System“ (ETCS) für den Hochgeschwindigkeitsverkehr und der Funkfahrbetrieb (FFB) für den Zugverkehr auf Nebenstrecken.

Fahrzeugbau Das Untergestell und der Aufbau wurden als stabile Schweißkonstruktion hergestellt. Im Aufbau sind Führerräume und ein Messraum untergebracht. Das vierachsige Laufwerk ist für eine Geschwindigkeit von 200 km/h ausgelegt und hat Konsolen für Messeinrichtungen.

Antrieb Der Zehn-Zylinder-MAN-Dieselmotor der Bauart D 2840 LF 20 ist wassergekühlt und verfügt über eine Ladeluftkühlung und Turbolader.

Einsatz Das Messfahrzeug ist der DB Systemtechnik mit Sitz in München unterstellt und wird von dort aus in ganz Deutschland eingesetzt.

TECHNISCHE DATEN	
Länge über Puffer	18.700 mm
Achsfolge	2'B'
Treibraddurchmesser	920 mm
Laufraddurchmesser	920 mm
Achsstand im Drehgestell	2.600 m
Gesamter Achsstand	13.800 mm
Dienstmasse	57 t
Höchstgeschwindigkeit	120 km/h
Leistung	441 kW
Motorbauart	10-Zylinder-Motor
Leistungsübertragung	hydromechanisch
Antrieb	Gelenkwellen
Indienststellung	2000
Bestand (Herbst 2006)	1 Fahrzeug DB Systemtechnik

Die vierachsigen Turmtriebwagen Baureihe 708 wurden von der Deutschen Reichsbahn der DDR beschafft

Die Ausweitung des elektrischen Streckennetzes in der DDR erforderte die Beschaffung geeigneter Wartungsfahrzeuge.

Entwicklung Die vierachsigen Wagen der Baureihe 188^3 lehnen sich in ihrer Konstruktion an die Oberleitungsrevisionstriebwagen der ersten Generation an, die die Reichsbahn der DDR ab 1968 in Dienst gestellt hatte. Von diesen ursprünglich fünf Wagen hat die DB nur noch den 708 200-1 im Bestand, der in der Einsatzstelle Rostock des Werks Schwerin beheimatet ist.

Die Wagen der zweiten Generation, bei der DB als 708^3 bezeichnet, wurden erstmals 1987 auf der Leipziger Messe gezeigt.

Die beiden vom VEB Waggonbau Görlitz gelieferten Musterfahrzeuge wurden anschließend in Halle und Dresden ausgiebig getestet.

1989 begann die Serienfertigung. Bis 1991 wurden einschließlich der beiden Baumuster 37 Fahrzeuge dieser Bauart gefertigt.

Fahrzeugbau Wagenkasten und Rahmen sind geschweißt, ihre selbsttragende Konstruktion ist von außen beblecht.

Das Untergestell ist zwar für den Einbau einer automatischen Mittelpufferkupplung eingerichtet, es wurden aber normale Schraubenkupplungen und Seitenpuffer montiert.

Die geschweißten Drehgestelle gehören zur modifizierten Bauart „Görlitz V". Schraubenfedern übernehmen die Radsatz- und Wiegenfederung. Trieb- und Laufgestelle, sind nahezu baugleich, jedoch leiten im Triebdrehgestell Achsgetriebe das Antriebsmoment in die beiden Radsätze.

Die indirekt wirkende Druckluft-Scheibenbremse arbeitet auf alle vier Radsätze. Allerdings haben die Radsätze der Laufgestelle je vier Bremsscheiben, während im Triebgestell nur zwei Bremsscheiben je Radsatz zu finden sind.

708 Oberleitungsrevisionstriebwagen (ORT)

Auf dem Dach tragen die Wartungsfahrzeuge einen Messstromabnehmer und eine Beobachtungskanzel

Antrieb Der Sechs-Zylinder-Dieselmotor überträgt sein Drehmoment über ein Strömungsgetriebe auf das Achsgetriebe. Er beschleunigt die Wagen auf 100 km/h. Die Anhängelast beträgt 50 t, es können also zusätzliche Wagen mitgenommen werden.

Innenraum Der Innenraum ist unterteilt in die Führerräume, den Werkstattraum und einen Aufenthaltsraum mit Sitzgelegenheiten, Tisch, einer Küchenzeile und Schränken. Im Werkstattraum können Werkzeuge und Materialien in Regalen und Schränken verstaut werden.

Den Mitarbeitern steht eine Toilette mit Waschbecken zur Verfügung.

Auf dem Dach sind eine Arbeitsbühne, ein Messstromabnehmer, eine Beobachtungskanzel und Scheinwerfer installiert. Eine Leiter kann auf 18 m Länge ausgefahren werden. Die Bühne ist um 100° nach rechts oder links drehbar und kann hydraulisch um 2 m angehoben werden.

TECHNISCHE DATEN	
Länge über Puffer	22.400 mm
Achsfolge	2'B'
Treibraddurchmesser	920 mm
Laufraddurchmesser	920 mm
Achsstand im Drehgestell	2.500 mm
Gesamter Achsstand	18.300 mm
Dienstmasse	61 t
Höchstgeschwindigkeit	100 km/h
Leistung	330 kW
Motorbauart	6-Zylinder-Motor
Leistungsübertragung	mechanisch
Antrieb	Gelenkwellen, Radsatzgetriebe
Indienststellung	1987 – 1991
Bestand (Herbst 2006)	1* + 32 Fahrzeuge DB Netz

* Baureihe 708^2

Alle drei Wagen der Baureihe 709 bestellte die Deutsche Reichsbahn in Österreich

Die DR bestellte 1992 die Oberleitungsrevisionstriebwagen der Baureihe 709 bei Plasser & Theurer.

Fahrzeugbau Auf dem geschweißten Fahrzeugrahmen sitzt die fast über die gesamte Länge reichende selbsttragende Kabine.

Antrieb Der unterflur angeordnete Zwölf-Zylinder-Dieselmotor von KHD, Typ B FL 513 C, treibt über Gelenkwellen und ein hydrodynamisches Getriebe ein Drehgestell an.

Für langsame Geschwindigkeiten ist ein Vier-Zylinder-Motor von KHD mit einer Leistung von 44 kW eingebaut.

Innenraum Zwischen den beiden Endführerständen befindet sich der Werkstattraum, Aufenthaltsräume für sieben Personen und ein Messplatz mit Videoüberwachung der Fahrleitung. Das Dach ist mit einer Hubarbeitsbühne, einer Seildrückanlage, zwei Fahrdrahtmessanlagen und einem Messstromabnehmer bestückt.

TECHNISCHE DATEN		
Länge über Puffer		15.840 mm
Achsfolge		B'2'
Treibraddurchmesser		840 mm
Laufraddurchmesser		840 mm
Achsstand im Drehgestell		1.800 mm
Gesamter Achsstand		11.300 mm
Dienstmasse		59 t
Höchstgeschwindigkeit		120 km/h
Leistung		367 kW
	Hilfsmotor	44 kW
Motorbauart		12-Zylinder-Motor
	Hilfsmotor	4-Zylinder-Motor
Leistungsübertragung		hydrodynamisch
Antrieb		Gelenkwellen
Indienststellung		1993 – 1994
Bestand (Herbst 2006)		3 Fahrzeuge DB Netz

Die Fahrzeuge der Baureihe 711 mit Teleskoparbeitsbühne treten an die Stelle älterer Turmtriebwagen

Die Flotte der Turmtriebwagen der DB wurde in den 1990er-Jahren durch die Baureihe 711 „HIOB" ergänzt.

Fahrzeugbau Rahmen und Wagenkasten bestehen aus einer geschweißten Stahlkonstruktion. Der Kastenaufbau erstreckt sich über die gesamte Länge des vierachsigen Fahrzeugs. Zwischen den Führerständen sind ein Werkstattraum und ein großer Aufenthaltsraum mit Küche und Sitzecke sowie die Nasszelle und eine Vakuum-Toilette angeordnet.

Auf dem Dach ist zusätzlich zur frei schwenkbaren Hubarbeitsbühne eine Scherenhubbühne montiert. Beide Bühnen können zu einer großen Arbeitsplattform vereint werden. Zudem sind auf dem Dach ein Lehrstromabnehmer, eine Aussichtskanzel, eine Videokamera und Scheinwerfer installiert.

Antrieb Eines der beiden Drehgestelle wird von einem MAN-Sechs-Zylinder-Dieselmotor der Bauart D 0824 mit Rußfilteranlage angetrieben. Die Kraftübertragung erfolgt über ein hydromechanisches Getriebe und Gelenkwellen. Der Arbeits- und Fahrmotor mit einer Leistung von 118 kW kann für die Hydraulikgeräte und für den unteren Geschwindigkeitsbereich zugeschaltet werden.

TECHNISCHE DATEN	
Länge über Puffer	17.240 mm
Achsfolge	B'2'
Treibraddurchmesser	840 mm
Laufraddurchmesser	840 mm
Achsstand im Drehgestell	1.800 mm
Gesamter Achsstand	12.800 mm
Dienstmasse	66 t
Höchstgeschwindigkeit	120 km/h
Leistung	338 kW
Hilfsmotor	118 kW
Motorbauart	6-Zylinder-Reihenmotor
Hilfsmotor	4-Zylinder Reihenmotor
Leistungsübertragung	hydrodynamisch
Antrieb	Gelenkwellen, Radsatzgetriebe
Indienststellung	1996 – 1997
Bestand (Herbst 2006)	9 Fahrzeuge DB Netz

Die Instandhaltungs-Triebwagen der Baureihe 711¹ können dank einer Höchstgeschwindigkeit von 160 km/h sehr schnell den Einsatzort erreichen

Um bei Schäden an der Oberleitung schnell vor Ort zu sein, beschaffte die DB ab 2002 die 160 km/h schnellen Triebwagen der Baureihe 711¹.

Fahrzeugbau Die Aufbauten unterteilen sich in die beiden Kopfsegmente mit den Führerräumen und dem dazwischen liegenden Wagenkasten, in dem sich die Werkstatt, der Lagerraum, die Nasszelle sowie ein Sozialraum mit einem Arbeitsplatz befinden.

Zur Arbeitsausstattung gehören eine frei schwenkbare Hubarbeitsbühne, eine Hubarbeitsbühne mit schwenkbarem Arbeitskorb, ein Fahrdraht- und Tragseildrücker, ein Stromabnehmer mit einstellbarer Anpresskraft sowie eine Videoanlage zur Beobachtung des Stromabnehmers.

Antrieb Zwei Motoren treiben das Fahrzeug an. Ein weiterer Dieselmotor mit einem Rußpartikelfiltersystem versorgt die hydraulischen Einrichtungen und dient zur Schleichfahrt bei Arbeitseinsätzen.

Die indirekt wirkende, selbsttätige, mehrlösige Scheibenbremse hat eine Gleit- und Schleuderschutzanlage sowie eine Sandstreuanlage. Sie wird durch eine Druckluft-Zusatzbremse, eine elektropneumatische Bremse, eine Magnetschienenbremse und eine Federspeicherbremse als Feststellbremse ergänzt.

TECHNISCHE DATEN	
Länge über Puffer	26.640 mm
Achsfolge	B'B'
Treibraddurchmesser	920 mm
Achsstand im Drehgestell	1.800 mm
Gesamter Achsstand	12.800 mm
Dienstmasse	77,5 t
Höchstgeschwindigkeit	160 km/h
Leistung	2 x 294 kW
Hilfsmotor	130 kW
Motorbauart	12-Zylinder-V-Motor
Hilfsmotor	6-Zylinder-Reihenmotor
Leistungsübertragung	hydrodynamisch
Antrieb	Gelenkwellen, Radsatzgetriebe
Indienststellung	2002 – 2004
Bestand (Herbst 2006)	22 Fahrzeuge DB Netz

712 Profil-Messtriebwagen (PROM)

Der Profil-Messtriebwagen (PROM) überprüft elektronisch die Profilfreiheit im Tunnel

Die Profilfreiheit in Tunnels muss regelmäßig überprüft werden. Während dies früher mechanisch geschah, erledigt heute der 712 002-5 diese Aufgabe elektronisch.

Entwicklung Die Deutsche Plasser Bahnbaumaschinen GmbH lieferte 1993 den 712 002-5 (PROM). 2006 wurde der Wagen von Minden aus in ganz Deutschland eingesetzt.

Fahrzeugbau Auf dem selbsttragenden Rahmen ruht der geschweißte Wagenkasten. Er liegt auf zweiachsigen Drehgestellen. Auf dem Dach ist ein Lehrstromabnehmer montiert.

Zusätzlich zum Raum mit der pneumatisch ausfahrbaren Messsäule mit Laser-Messkopf, dem Rechnerraum und dem Elektronikraum ist im Inneren ein Aufenthaltsraum mit Nasszelle und Küche angeordnet. Schiebewände geben bei Bedarf die Messelektronik frei. Der Wagen ist gelb lackiert.

Antrieb Bei Streckenfahrten wird ein unterflur montierter Zwölf-Zylinder-Dieselmotor eingesetzt, bei Messfahrten ein zusätzlicher Vier-Zylinder-Motor mit nachgeschaltetem Kriechmotor.

TECHNISCHE DATEN		
Länge über Puffer		17.420 mm
Achsfolge		B'2'
Treibraddurchmesser		840 mm
Laufraddurchmesser		840 mm
Achsstand im Drehgestell		1.800 mm
Gesamter Achsstand		12.800 mm
Dienstmasse		53,3 t
Höchstgeschwindigkeit		120 km/h
Leistung		367 kW
	Hilfsmotor	44 kW
Motorbauart		12-Zylinder-Motor
	Hilfsmotor	4-Zylinder-Motor
Leistungsübertragung		hydromechanisch
Antrieb		Gelenkwellen, Radsatzgetriebe
Indienststellung		1993
Bestand (Herbst 2006)		1 Fahrzeug DB Netz

Je eine Lok der Baureihe 714 ist an der Spitze und am Schluss der Hilfszüge eingestellt

Um bei Unfällen in Tunneln der Neubaustrecken effizient Hilfe leisten zu können, beschaffte die DB besondere Rettungszüge.

Entwicklung Diese Züge aus fünf oder sechs vierachsigen Wagen müssen schnell an den Einsatzort gelangen. Dafür werden Lokomotiven benötigt, die unabhängig von der Oberleitung einsetzbar sind. Die DB entschloss sich deshalb zum Umbau von Lokomotiven der Baureihe 212 für diese Zwecke.

Fahrzeugbau Lokkasten, Fahrwerk und Antrieb der Spenderfahrzeuge blieben weitgehend unverändert. Die Loks bekamen jedoch zahlreiche Sondereinrichtungen. So haben sie eine Kamera für den Infrarotbereich und eine Videokamera mit Restlichtverstärker. Beide Kameras sind in Blechkästen an den Stirnseiten der Lokomotiven angebracht.

Gelbe Rundumleuchten warnen die Rettungskräfte, wenn der Zug sich bewegt. Um die Unfallstelle auszuleuchten, sind an den Stirnseiten je zwei starke Zusatzscheinwerfer montiert. Mit Hilfe der Wendezugsteuerung können die Loks vom Steuerabteil des gasdichten Transportwagens bedient werden.

Einsatz Sämtliche Loks sind in Fulda beheimatet.

TECHNISCHE DATEN		
Länge über Puffer		12.300 mm
Achsfolge		B'B'
Treibraddurchmesser		950 mm
Achsstand im Drehgestell		2.200 mm
Gesamter Achsstand		8.200 mm
Dienstmasse		63 t
Maximale Radsatzlast		16 t
Höchstgeschwindigkeit		65*; 100 km/h
Leistung		990 kW
	Hilfsmotor	16 kW
Motorbauart		12-Zylinder-Motor
	Hilfsmotor	2-Zylinder-Motor
Leistungsübertragung		hydraulisch
Antrieb		Gelenkwellen, Radsatzgetriebe
Anfahrzugkraft		176,4 kN
Indienststellung		1989 – 1991; 1996 – 1997
Bestand (Herbst 2006)		15 Lokomotiven DB Notfalltechnik
* Rangiergang		

Zwei 120 km/h schnelle Schneeschleudern wurden 1994 im Ausbesserungswerk Meiningen gebaut und als 716 001-3 und 002-1 in den Park der DB eingereiht

Für die Neubaustrecke Hannover – Würzburg benötigte die DB eine leistungsfähige Schneeschleuder, die schnell am Einsatzort ist und eine hohe Arbeitsgeschwindigkeit erreicht.

Fahrzeugbau Die Doppelrahmenkonstruktion des geschweißten Wagenkastens ist aus unterschiedlichen Profilstählen hergestellt. Der um 180° drehbare Wagenkasten trägt alle drei Motoren samt den zugehörigen Getrieben. Er teilt sich in den flachen Maschinenraum, das Führerhaus und den Schleudersatz.

Das geräumige Führerhaus ist voll klimatisiert. Es wird durch einfache Drehtüren an den Seiten betreten. Die Schleuder muss von zwei Personen bedient werden. Eine fährt, die andere ist für die Bedienung der Schleudereinrichtung zuständig.

Beheizbare Frontscheiben mit rotierenden Scheibenwischern gewährleisten auch bei ungünstigen Witterungsverhältnissen eine möglichst gute Sicht auf den Räumvorgang.

Je zwei in Rollenlagern geführte Radsätze sind durch einen geschweißten Rahmen zu einem Drehgestell zusammengefasst, in dem auch die Bremsanlage montiert ist.

Damit die Schneeschleuder zur Überführung an Züge angekuppelt, oder bei sehr hohem Schnee durch eine Schublokomotive unterstützt werden kann, hat sie hinten normale Schraubenkupplungen und Zughaken.

Die Schleuderausrüstung besteht aus je zwei übereinander liegenden Vorschneidepropellern mit dahinterliegenden Wurfschaufelrädern.

Die Schleuderausrüstung kann hydraulisch zur Seite und nach oben verschoben werden. Damit lässt sich die Räumbreite auf 5 m erweitern, die Räumhöhe auf 3 m.

Weil die Schleudereinrichtung den Schnee zwischen den Gleisen liegen

Sämtliche Antriebsaggregate sind in einem langen flachen Maschinenraum zusammengefasst

lässt, räumt eine kleine Pflugschar am Heck zwischen den Schienen. Sie kann vom Führerpult aus hydraulisch abgesenkt und angehoben werden.

Die Lackierung der Bahndienstfahrzeuge ist in Gelb ausgeführt.

Antrieb Der aufgeladene Zwölf-Zylinder-Dieselmotor von Daimler-Benz überträgt seine Leistung über ein Hydraulikgetriebe und Gelenkwellen auf die Achsgetriebe aller vier Achsen. Ein mechanisches Getriebe erlaubt das Umschalten vom Streckengang (Höchstgeschwindigkeit 120 km/h) in den Arbeitsgang (Höchstgeschwindigkeit 30 km/h).

Die Schleudereinrichtung wird von zwei weiteren Motoren des selben Typs (einer für jedes Schleuderrad) über ein 2-Gang-Getriebe bewegt.

Eine mehrlösige automatische Druckluftbremse mit elektronischem Gleitschutz sorgt für die sichere Verzögerung der Fahrzeuge. Zusätzlich ist eine Feststellbremse vorhanden.

Einsatz Die Fahrzeuge sind in München (716 001-3) bzw. Fulda (716 002-1) stationiert und werden von dort aus auf den Schnellfahrstrecken und auf anderen Linien im ganzen Bundesgebiet eingesetzt.

TECHNISCHE DATEN	
Gesamtlänge	16.500 mm
Achsfolge	B'B'
Treibraddurchmesser	850 mm
Achsstand im Drehgestell	2.000 mm
Gesamter Achsstand	9.000 mm
Dienstmasse	80 t
Höchstgeschwindigkeit	120;30* km/h
Leistung (Fahrmotor)	605 kW
Schleudermotoren	2 x 605 kW
Motorbauart	12-Zylinder-Motor
Schleudermotoren	12-Zylinder-Motor
Leistungsübertragung	hydrodynamisch
Antrieb	Gelenkwellen, Radsatzgetriebe
Indienststellung	1994
Bestand (Herbst 2006)	2 Fahrzeuge DB Netz

* Arbeitsgeschwindigkeit

Der erste Schienenprüfzug wurde aus den dreiteiligen Dieseltriebwagen der Baureihe 614 abgeleitet

Um Schäden am Gleis rechtzeitig erkennen zu können, unterhält die DB Ultraschall-Prüfzüge. Sie befahren in festem Turnus das Streckennetz.

Entwicklung Das Prüfen der Schienen mit Ultraschall bietet den Vorteil, dass auch kleinste Fehler zerstörungsfrei erkannt werden können.

1975 lieferte MBB den ersten dreiteiligen Prüfzug. Er lehnt sich an die Baureihe 614 an; seine Betriebsnummern lauten 719 001-0/720 001-7/719 501-9.

Der zweite, modernere Prüfzug wurde 1996 von Plasser & Theurer gebaut, Der „SPE 140“ (Schienenprüfexpress) erhielt die Nummern 719 101-8/720 101-5 und 719 102-6.

Auch von ausländischen Bahngesellschaften werden die beiden in Minden beheimateten Schienenprüfzüge angemietet und eingesetzt.

Fahrzeugbau Die Wagenkästen sind in Stahlleichtbauweise unter Verwendung verschiedener Walzprofile und Bleche hergestellt. An den Wagenenden sind normale Schraubenkupplungen und Puffer montiert. Zwischen den Wagen wurden automatische Kupplungen verwendet.

Im 719 001-0 ist ein Aufenthaltsraum mit Anschlüssen für Radio und Fernseher, eine Küche mit Mikrowellenherd, Kühlschrank und Spüle eingerichtet. Außerdem gibt es einen Wasch- und Duschraum sowie drei Schlafabteile.

Im 719 501-9 sind neben einem Wasch- und einem Duschraum fünf Schlafabteile und ein kleiner Büro-Schreibplatz vorhanden.

Der Mittelwagen 720 001-7 nimmt die Messtechnik auf. Unter dem Fahrzeugboden ist dafür ein absenkbarer Prüfkopfträgerwagen angeordnet. Er wurde an den Enden mit je zwei Laufradsätzen bestückt, zwischen denen sich die Messköpfe über bzw. auf den Schienen befinden.

Die Messgeschwindigkeit beträgt maximal 50 km/h. Weil die Messköpfe einen Wasserfilm auf den Gleisen benötigen, werden im Mittelwagen zwei Was-

Schienenprüfexpress (SPE) 719, 720

Der $719^1/720^1$ ist eine Neukonstruktion von Plasser & Theurer

sertanks von je 1.500 l Inhalt mitgeführt. Zudem ist hier ein Werkstattraum zu finden. 1995/96 entstand der zweite Schienenprüfzug. Der als Einzelanfertigung gebaute Messzug läuft auf Drehgestellen der Schweizerischen Industriegesellschaft. Die Messtechnik wurde durch die Deutsche Bahn in Minden eingebaut. Der vierachsige bewegliche Prüfkopfträgerwagen ist in der Mitte am Fahrgestellrahmen montiert. Die Anordnung der Trag- und Leiträder gewährleistet eine präzise Führung der Prüfköpfe am Gleis. An den Längsseiten des Trägerwagens befinden sich die spurabhängig geführten Prüfkopfträger. Der neuere Prüfzug verfügt über leistungsfähigere Elektronik, die eine Arbeitsgeschwindigkeit von bis zu 100 km/h zulässt. Dieser Zug ist in gelb und lichtgrau lackiert, während der $719^0/720^0$ einen gelben Anstrich aufweist.

Antrieb Beim $719^0/720^0$ sorgt ein unterflur eingebauter, wassergekühlter MAN-Dieselmotor der Bauart D 3650 HM 12 U für den Vortrieb. Der neue Wagen wurde mit einem MTU-Motor vom Typ 12 V 183 TD 13 ausgestattet. Bei beiden Zügen wird das Drehmoment über Getriebe und Gelenkwellen übertragen.

TECHNISCHE DATEN	
Länge über Kupplung	
Zug (3-teilig)	79.460; 71.100* mm
Endwagen	26.650; 23.700* mm
Mittelwagen	26.160; 23.700* mm
Achsfolge	B'2' + 2'2' + 2'B'
Treibraddurchmesser	950; 920* mm
Laufraddurchmesser	900; 920* mm
Achsstand im Drehgestell	2.500 mm
Gesamter Achsstand	21.500; 19.500* mm
Dienstmasse	148,3; 192,7* t
Höchstgeschwindigkeit	140; 160* km/h
Leistung	2 x 448; 2 x 540* kW
Hilfsmotoren	2 x 24; 50 + 60* kW
Motorbauart	16-; 12*-Zylinder-V-Motor
Leistungsübertragung	hydraulisch ;hydrodyn.*
Antrieb	Gelenkwellen, Radsatzgetriebe
Indienststellung	1974; 1995*
Bestand (Herbst 2006)	1 + 1* Züge NTB Minden

* Baureihe $719^1/720^1$

Die Triebwagen der Baureihe 725 entstanden durch den Umbau nicht mehr benötigter Schienenbusse der Baureihe 798. Die 726 wurden neu gebaut

Aus umgebauten Schienenbussen und neugebauten Steuerwagen entstanden in den 1970er-Jahren Gleismessfahrzeuge zur Überprüfung des Schienennetzes.

Entwicklung 1974 und 1975 nahmen die fünf Gleismesszüge den Betrieb auf. Die Motorwagen der Baureihe 725 wurden von MBB in Donauwörth und dem AW Kassel aus Schienenbussen der Baureihe 798 umgebaut, während die neu hergestellten Steuerwagen der Baureihe 726 alle von MBB stammen.

Fahrzeugbau Die Kästen beider Wagen bestehen aus einem geschweißten Gerippe mit Stahlblechverkleidung. Der Aufbau der Baureihe 726 entstand nach dem Vorbild des Turmtriebwagens der Baureihe 701 und ist deshalb höher als der des 725. Die Fahrgestelle sind ebenfalls geschweißt und hatten zunächst an beiden Enden normale Schraubenkupplungen und Seitenpuffer. Später wurde die Schraubenkupplung zwischen den beiden Wagen durch eine automatische Scharfenbergkupplung ersetzt. Im Gegensatz zur normalen Luftfederung des Motorwagens sorgt beim Messwagen eine spezielle Federung unabhängig von der Beladung für eine waagerechte Ausrichtung und die immer gleiche Höhe des Wagenkastens über der Schienenoberkante. Nur so sind möglichst brauchbare Messergebnisse zu erzielen. Bei beiden Wagen wurde eine mehrlösige Druckluftbremse der Bauart KE-P eingebaut.

Antrieb Den Antrieb der Züge übernehmen zwei Fahrmotoren des Typs Büssing U 10. Mit ihren sechs Zylindern treiben sie den jeweils weiter entfernt liegenden Radsatz über eine hydraulische Kupplung und ein elektromechanisches Schaltgetriebe an. Zwischen dem Schaltgetriebe und den Radsatzwendegetrieben befinden sich Gelenkwellen.

Innenraum Auf beiden Längsseiten der Motorwagen wurden je drei Fenster

Der höhere Wagenkasten der Baureihe 726 basiert auf den Turmtriebwagen Baureihe 701

verschlossen, außerdem wurde die Geräuschdämmung verbessert. Ein Führerstand entfiel, der Innenraum wurde mit Schlafabteilen, Waschraum, Aufenthaltsraum mit Stühlen, Tischen, einer Kochgelegenheit und einem Kühlschrank eingerichtet. Außerdem ist in diesen Wagen ein Maschinenraum mit einem Diesel-Drehstrom-Aggregat zur Stromversorgung der Messeinrichtungen zu finden.

Bis zu 200 l Brauchwasser werden in einem Tank im Wagendach mitgeführt.

Im Beiwagen 726 sind ein Führerpult und ein Messraum mit einem Messtisch und einer Werkbank für kleinere Reparaturen eingerichtet.

Drei in Bissel-Gestellen aufgehängte Radsätze dienen als Träger der Messeinrichtungen. Die damit aufgezeichneten Gleisparameter wie Spurweite, Verwindung und Überhöhung werden auf dem Messtisch ausgewertet.

Einsatz Vier der ehemals fünf Züge sind noch im Bestand. Sie sind alle in Minden beheimatet und werden auf dem gesamten Streckennetz der DB eingesetzt.

Der Zug 001 ist bereits am 31. Dezember 1999 aus dem Bestand ausgeschieden.

TECHNISCHE DATEN	
Länge über Kupplung	
Zug (2-teilig)	27.350 mm
Einzelwagen	13.950 mm
Achsfolge	AA + 2*
Treibraddurchmesser (725)	900; -* mm
Laufraddurchmesser (726)	-; 850* mm
Gesamter Achsstand	6.000 mm
Dienstmasse	23; 18 t
Höchstgeschwindigkeit	90 km/h
Leistung	2 x 110; -* kW
Motorbauart	6-Zylinder Motor; -*
Leistungsübertragung	mechanisch
Antrieb	Gelenkwellen, Radsatzgetriebe
Indienststellung	1974 – 1975
Bestand (Herbst 2006)	4 Züge DB Netz

* Baureihe 726

Die Triebwagen dienen zur Wartung der Signal- und Funkanlagen auf den Schnellfahrstrecken

Bei den letzten Umbauten von Schienenbussen der Baureihe 798 in Bahndienstfahrzeuge entstanden die Signaldienst-Wagen der Baureihe 740.

Entwicklung Im Ausbesserungswerk Kassel wurden 1990 bis 1992 sechs Schienenbusse der Baureihe 798 ihrem neuen Aufgabengebiet angepasst. Als 740 001-3 bis 006-2 sind sie entlang den Schnellfahrstrecken stationiert und werden dort zur Instandhaltung und Wartung der Weichen- und Signalanlagen sowie des Tunnelfunks eingesetzt.

Fahrzeugbau Laufwerk, Wagenkasten und Bremsanlage wurden unverändert von den Spenderwagen übernommen.

Antrieb Auch der Antrieb entspricht mit seinen beiden Motoren und der mechanischen Kraftübertragung den Schienenbussen.

Innenraum Im Inneren wurden ein Aufenthaltsraum, ein schallisolierter Raum für ein zusätzliches Dieselaggregat und ein großer Werkstattraum eingerichtet. Durch die eingebauten Klappen an beiden Wagenseiten können sperrige Teile ein- und ausgeladen werden. Mehrere Fenster wurden verschlossen bzw. weiß hinterlegt.

Einsatz Die Signaldienst-Wagen, deren Verwendungszweck groß angeschrieben ist, sind gelb lackiert. Sie sind in Kassel, Stuttgart, Karlsruhe und Hannover zu Hause. Der Stuttgarter 740 003-9 war von der Untersuchung zurückgestellt. 740 001-3 schied im August 2004 nach einem Unfall aus dem Bestand aus.

TECHNISCHE DATEN	
Länge über Puffer	13.950 mm
Achsfolge	AA
Treibraddurchmesser	900 mm
Gesamter Achsstand	6.000 mm
Dienstmasse	22,4 t
Höchstgeschwindigkeit	90 km/h
Leistung	2 x 110 kW
Motorbauart	6-Zylinder-Motor
Leistungsübertragung	mechanisch
Antrieb	Gelenkwellen, Radsatzgetriebe
Indienststellung	1990 – 1992
Bestand (Herbst 2006)	4 +1 z Fahrzeuge DB Netz

Bei den Loks der Baureihe 752 handelt es sich um die Vorserienmaschinen der Baureihe 120

1980 stellte die DB erstmals Elloks mit Drehstrom-Asynchronmotoren als Baureihe 120 in Dienst.

Entwicklung 1987 begann die Serienbeschaffung. Wegen der Unterschiede zu den Serienloks wurden die fünf Probeloks der ehemaligen Baureihe 120° im April 1989 aus dem normalen Dienst genommen. Die Versuchsanstalten in Minden und München reihten diese Loks als Baureihe 752 ein und nutzen sie zu Erprobungszwecken.

Fahrzeugbau Die geschweißten Drehgestelle bestehen aus Kastenträgern. Der Hauptrahmen und der Lokkasten sind miteinander verschweißt und bilden eine selbsttragende Einheit. Die Lüfter sind im Übergang zwischen Seitenwand und Dach zu finden.

Elektrik Einholmstromabnehmer leiten den Strom aus der Fahrleitung zum Haupttransformator und weiter in die Fahrmotoren. Eine elektronische Fahr- und Bremssteuereinheit ermöglicht die stufenlose Regelung der Maschinen.

Einsatz Zu Zeit ist nur noch die rote 752 004-2 im Bestand der DB zu finden. Sie ist in München beheimatet.

TECHNISCHE DATEN	
Länge über Puffer	19.200 mm
Achsfolge	Bo'Bo'
Treibraddurchmesser	1.250 mm
Achsstand im Drehgestell	2.800 mm
Gesamter Achsstand	13.000 mm
Dienstmasse	83,2 t
Maximale Radsatzlast	21 t
Höchstgeschwindigkeit	230 km/h
Leistung	4 x 1.400 kW
Motorbauart	Drehstrom-Asynchronmotor
Antriebsart	BBC Gelenkantrieb
Anfahrzugkraft	340 kN
Stromsystem	15 kV~/16,7 Hz
Indienststellung	1980
Bestand (Herbst 2006)	1 Lokomotive DB Systemtechnik

772 Schienenbus

Aus dem aktiven Dienst ist diese Baureihe ausgeschieden, doch der 772 141-8 wird seit 2006 zusammen mit dem 772 140-0 von der Oberweißbacher Berg- und Schwarzatalbahn für Sonderfahrten vorgehalten

Die guten Erfahrungen mit den Schienenbussen der Baureihe 771 veranlassten die Deutsche Reichsbahn der DDR zur Beschaffung einer Nachfolgeserie. Anstelle der früheren Beiwagen wurden nun Steuerwagen in Dienst gestellt.

Entwicklung 1964 bis 1969 lieferten Görlitz und Bautzen 73 Motor- und 73 Steuerwagen. Die DB reihte die Schienenbusse als Baureihen 772 und 972 ein.

Fahrzeugbau Wagenkasten und Rahmen aus Walzprofilen und gekanteten Blechen in Leichtbauweise sind geschweißt. Die Radsätze laufen in Rollenlagern. Stoßdämpfer und Stabilisatoren verbessern die Fahreigenschaften. Es sind Scharfenbergkupplungen und leichte Gummipuffer montiert.

Antrieb Seit der Modernisierung im Werk Halle dient ein MAN-Sechszylinder-Dieselmotor als Antrieb. Die Leistung wird über ein Flüssigkeitsgetriebe auf das mechanische Sechsganggetriebe übertragen. Alle Wagen sind mit Vielfachsteuerung ausgestattet.

Innenraum Der Fahrgastraum ist als offener Großraum mit stoffgepolsterten Sitzen eingerichtet.

TECHNISCHE DATEN	
Länge über Puffer	13.550 mm
Achsfolge	1A
Treibraddurchmesser	900 mm
Laufraddurchmesser	900 mm
Gesamter Achsstand	6.000 mm
Dienstmasse	19,3/22,1* t
Höchstgeschwindigkeit	90 km/h
Leistung	162 kW
Motorbauart	6-Zylinder-Motor
Leistungsübertragung	mechanisch
Anfahrzugkraft	1964 – 1969 kN
Antrieb	Gelenkwellen
Indienststellung	1964 – 1965; 1968 – 1969
Bestand (Herbst 2006)	2 + 1z Wagen DB Regio, OBS

* modernisierte Fahrzeuge

Der „Ulmer Spatz" der DB wird an Wochenenden zu Ausflugsfahrten auf der Schwäbischen Alb eingesetzt

Viele Jahre lag das Haupteinsatzgebiet der Schienenbusse auf den Nebenstrecken der DB. Obwohl sie nur für eine kurze Einsatzzeit gedacht waren, hatte die DB 2006 immer noch zwei Exemplare im Bestand.

Entwicklung 1955 begann die Auslieferung der zweimotorigen Fahrzeuge der BR 798. Für die 329 Triebwagen wurden annähernd gleich viele Bei- und Steuerwagen der Reihen 9980 und 9986 gebaut. Hersteller waren MAN, WMD, Uerdingen, Orion, Rathgeber und Credé.
Fahrzeugbau Auf dem geschweißten zweiachsigen Untergestell mit Regel-Zug- und Stoßeinrichtungen sitzt das Kastengerippe mit den aufgenieteten mittragenden Bekleidungsblechen.Der Wagenkasten ist mit Schrauben- oder Luftfedern abgefedert.
Antrieb Im Fahrgestell sind zwei Diesel-Fahrmotoren vom Typ Büssing U 10 unterflur elastisch aufgehängt. Über die hydraulische Kupplung, das elektromechanische Schaltgetriebe und über eine Gelenkwelle gelangt die Antriebsleistung zum Radsatzwendegetriebe.
Innenraum Die Inneneinrichtung der modernisierten Wagen ist durch stoffbezogene Sitzbänke gekennzeichnet, deren Lehnen sich je nach Fahrtrichtung umklappen lassen.
Einsatz Bei der DB sind nur noch die beiden Triebwagen 798 652-4 und 798 653-2 mit den Bei- und Steuerwagen 996 225-9, 996 257–2, 996 300-0, 998 069-9 und 998 896-5 im Bestand.

TECHNISCHE DATEN	
Länge über Puffer	13.950 mm
Achsfolge	AA + 2*
Treibraddurchmesser (Triebwg.)	900 mm
Laufraddurschmesser (Bei-, Steuerwg.)	900 mm
Gesamter Achsstand	6.000 mm
Dienstmasse	20,9; 10,7* t
Höchstgeschwindigkeit	90 km/h
Leistung	2 x 110; -* kW
Motorbauart	6-Zylinder-Motor
Leistungsübertragung	mechanisch
Antrieb	Gelenkwelle
Indienststellung	1959 – 1961
Bestand (Herbst 2006)	2 + 3** + 2*** Fahrzeuge RAB
* Bei- und Steuerwg., ** Baureihe 996,	
*** Baureihe 998	

Die Triebfahrzeugnummern der DB setzen sich aus der dreistelligen Baureihennummer, der dreistelligen Ordnungsnummer und – durch einen Strich getrennt – der Kontrollziffer zusammmen

Abkürzungen

EB	Erzgebirgsbahn, Chemnitz
FTZ	Forschungs- und Technologiezentrum, München
KHB	Kurhessenbahn, Kassel
OBS	Oberweißbacher Berg- und Schwarzatalbahn
RAB	DB Regionalbahn Alb-Bodensee, Ulm
SOBB	SüdostBayernBahn, Mühldorf
UBB	Usedomer Bäderbahn, Heringsdorf
WFB	WestFrankenBahn, Aschaffenburg

Achsfolgen

B	zwei angetriebene Achsen im Hauptrahmen
C	drei angetriebene Achsen im Hauptrahmen
D	vier angetriebene Achsen im Hauptrahmen
B'B'	zwei zusammen angetriebene Drehgestelle mit je zwei miteinander gekuppelten Radsätzen
C'C'	zwei zusammen angetriebene Drehgestelle mit je drei miteinander gekuppelten Radsätzen
Bo'Bo'	je zwei einzeln angetriebene Achsen in zwei Drehgestellen
Co'Co'	je drei einzeln angetriebene Achsen in zwei Drehgestellen
Bo'2'Bo'	je zwei einzeln angetriebene Achsen in zwei Drehgestellen, Wagenkasten, der sich in der Mitte auf ein gemeinsames Laufachs-Drehgestell, das sog. „Jakobsdrehgestell", über zwei Drehzapfen abstützt